10分好孕操【修訂版】

一天1０分鐘
孕動超EASY

物理治療師團隊精心設計，
緩解孕期不適應＆加速產後瘦身力的
43個特別企劃

彰化基督教醫院復健科物理治療師團隊◎著

PART 1

觀念篇　孕媽咪的痛與動

PART 2

孕期篇　孕動，緩解孕期痠麻痛

PART **3**
產後篇 ▶ 雕塑身材不是夢

目錄

走向世界的頂尖物理治療團隊

　　二○一六年為彰化基督教醫院創立一二○週年，從蘭醫生（David Landsborough, M.D.）切膚之愛故事，建立起彰基愛上帝、愛土地、愛人民的關懷精神。追求醫療進步、提供高科技、尖端醫療技術及給予民眾不間斷照護，一直是彰基每位員工的使命。

卓越頂尖的專業團隊

　　近年來，彰基由深耕彰化，走向世界舞臺，屢次通過國際 JCI 醫療評鑑、國際 CCPC 認證，國內榮獲多項評鑑、獎項肯定。對偏鄉醫療、海外醫療援助等，更是投入心血，從教育面、設備面默默協助。秉持培養人才、研發新技術的理念，鼓勵同仁投入創新研發，以開發更適切的技術，提供更即時的照護。不論醫療、服務、傳道、教育、研究上，在在顯示彰基的無私奉獻與謙卑服務的精神。

著重女性與孩童健康

　　在世界衛生組織（WHO）於二○○二年通過性別健康政策之際，各國開始關注社會、文化、生心理對女性健康的影響。我國為呼應聯合國性別主流文化，

達成實踐 WHO 所重視之兩性健康平等理念，也建構起婦女保健相關政策，包括健康維護與促進、生育健康、疾病與照護等三大發展主軸。在婦女健康意識抬頭與少子化衝擊的今日，彰基在專科的分工與合作下，盡心提供婦女、孩童最為優質的照護與醫療，更於一〇三年成立兒童醫院。

橫跨孕期、產後、未來而設計

此書內容橫跨孕期、產後，到未來保健，協助解除從準媽咪晉升為媽咪，可能遇到的困擾與煩惱。以專業知識為核心、臨床經驗為參考，針對心情、疑惑、生理改變與不適等，進行原因探討，並透過簡單、實用、清楚、圖文搭配等方式，教導讀者將改善方針或居家照護融入日常生活中，對忙碌的（準）媽咪而言，可謂一大福音。這是一本全方位守護婦女的書，每位準媽咪都該擁有。唯有想辦法把自己照顧好，才是送給孩子最棒的禮物。

在此，我以感恩、感謝、開心的心，誠摯地向（準）媽咪們推薦這本好書，期待由醫療角度出發，傳遞專業且正確的訊息，讓讀者藉由閱讀、理解、實作、應用，將此轉化成促進健康的力量。

找對方法，媽咪才能健康滿分

在預防醫學盛行的時代，世界衛生組織（WHO）與許多國家皆制訂相關政策，致力推廣婦幼衛生及母子保健服務體系，使孕產婦保持並維持健康，讓胎兒在出生之後，均能發育，健康成長。

隨著高齡化社會的來臨，高齡產婦儼然成了趨勢之一。從醫學的角度來說，高齡生產帶來了更多的壓力與風險。孕婦除了要面對生理上及心理上的轉變，產後衍生的不適及在育嬰育兒過程的擔憂，在在需要適切的醫療與照護，這也是彰基醫療團隊，持續再努力的目標。

然而，在資訊氾濫、臉書普及的網路世界中，民眾常常得到不正確的照護觀念，甚至接收了錯誤認知。近年來，彰化基督教醫院屢次榮獲衛生福利部「母嬰親善醫療院所認證」，為了肩負起提升母嬰健康之重責，解決民眾對於孕產婦保健之疑問，本院物理治療團隊特別出版此著作。

書中內容跳脫以往制式化的孕產婦飲食營養與產前衛教，而是著重在運用專業醫治療方式，改善懷孕期間水腫、肌肉痠疼，還有產後體態修復、曲線雕塑等，同時鼓勵孕婦在孕期適量適度從事運動，享受其好處及樂趣。此外，最後收錄的兩篇文章，能讓新手媽咪對新生兒的成長與照護，更加有概念。

　　期待這本書能幫助（準）媽咪，透過正確觀念、圖文說明，來減輕孕期、產後的不適，並以輕鬆的心情，迎接新生命的到來，好讓每位國家未來主人翁，健康、快樂、平安的成長！

　　物理治療（Physiotherapy）是一種以預防、治療及處理因疾病或傷害所帶來的動作問題的一種專業，不論是疼痛處理、激勵訓練、關節靈活、心肺功能加強等，都是物理治療師所擅長的項目，以非侵入性的手法，針對骨科、神經內外科、腫瘤科、婦產科等科別，給予物理性的治療與支持，使這些專科的醫療服務更為完整與有效。

　　在我的人生中，曾歷經四次生產經驗，身為過來人，我完全可以體會孕媽咪有多麼辛苦。懷孕初期，身體賀爾蒙起了變化，造成肌肉骨骼及身體結構重大改變，下背痛、骨盆關節疼痛、小腿抽筋、足底疼痛……，什麼痛都上身了。

　　產後更不用說了，除了「瘦身大作戰」外，還可能面臨乳房腫脹、乳線管阻塞、乳腺炎、手部痠麻疼痛，或難以啟齒的尿失禁。媽咪在應付生理不適之餘，還要同時惦記小北鼻的成長發育是否正常。

一連串得問題接踵而至，（準）媽咪們不免開始恐懼這些時刻的到來，不知該如何是好。別太擔心，在尋求醫療協助時，搭配物理治療師的建議準沒錯。彰基復健醫學科於民國 74 年成立，物理治療的專業更早於民國 54 年就開始，在學術研究領域上精益求精，在病人服務上，更為中部民眾所肯定。

　　秉持著「在民眾的需要上，看到自己的工作與價值」的理念，彰基物理治療團隊特地為偉大的生產者 —— 準媽咪，編寫了這本孕動書。希望每位媽咪都能開始擁有愉快、健康的產前產後歷程，並能開心地說：「我要再生一個！」

讓媽寶都健康的守護天使

鄭素芳（臺大醫學院物理治療學系教授、臺灣物理治療學會理事長）

很榮幸能獲邀為這本著作撰寫推薦序。

近幾年來，由於少子化的浪潮來襲，生育相關的社會支持與健康照顧需求，逐漸成為重要的議題。有鑑於以往孕婦與新生兒保健類型書籍，大多著重於營養食品的介紹，攸關身心靈健康的運動或保健方法闕如。本書的出版預期能讓讀者對婦幼保健擁有更加完整的認識。

這是一本由熱愛專業與熱心推廣衛教的彰基物理治療師團隊，共同合作完成的著作。

他（她）們平日雖忙於臨床服務的工作，仍然抽空進行臨床研究，並將成果帶到國外的物理治療學術研討會中與國際分享。如今，更亟力於將所學所做化為文字與圖像，期待能傳遞給更多需要的人。用心的程度與努力的精神，著實令人感佩！

本書內容包括五大部分，從媽咪懷孕開始，歷經產後修復時期，一直到未來的生心理保健等，針對各個階段媽咪的問題與困擾，提出最佳有效的改善方針。最後，還特別收錄兩則育嬰育兒相關知識，讓初為人母的媽咪，可以順利地照顧與陪伴北鼻的成長，不再手忙腳亂、杞人憂天。不論是哪一個章節，撰寫的方式都深入淺出，佐以各種動作示範、圖表說明，讓不具有任何醫療背景的媽咪，都能輕易上手，精確掌握並學習到書中想傳達的技巧。

　　我確信，這本書將能給予準媽咪最新最棒最完整的保健知識與運動技巧。也藉此提醒各位偉大的準媽咪們－珍愛自己、享受親職，讓物理治療師與您一起守護您與小寶寶的健康！

孕媽咪們，從這本書開始讀起吧！

每次遇見有孕在身的準媽咪們，我不僅會表達恭喜之意，還會給予感恩與佩服之情，感謝她們願意為國家社會，孕育後起的一代；更佩服她們在懷孕、生產的期間，承受生心理層面的不適與風險。

同樣身為物理治療師，我能體會彰化基督教醫院復健科物理治療團隊，想協助（準）媽咪的心。物理治療師接觸的病患，並不限於哪一科，只要是能夠透過物理性療程來改善的症狀，我們都樂意協助。好比這本孕動書，就是彰基物理治療團隊給予孕媽咪的最大支持。

書裡的篇章，是透過整個團隊的整理歸納，才能如此有系統地呈現。尤其聚焦於懷孕媽咪的健康層面，解決這路上可能面臨的問題與困擾。當然，考量新手媽咪的緊張與擔憂，最後也附加基本的育嬰常識。

擁有這本書，讀者可以免去「費心搜尋卻不保證資訊是否正確」的危機。詳盡充分的解說，可以消除孕媽咪的惶惶不安；簡單實用的孕動提案，可以緩解孕媽咪的諸多不適；充實豐富的內容，則能讓媽咪在生兒育女這條路上，走得更為順利，並放心地為培育未來的棟梁之才。

作者序

用正確方法，傾聽身體的聲音

我們是一群從四面八方而來，聚集到八卦山下的彰化基督教醫院的物理治療師，在充滿活力、洋溢熱情的團隊裡，透過紮實、專業的訓練，將實務經驗轉為日常保健的知識，並以實用易懂的呈現方式，將「孕動」的重要性介紹給讀者，期待讀者能學習用正確、輕鬆的方法，傾聽自己身體的聲音。

物理治療師像是醫療專業中的魔術師，以同理關懷之心，尊重、了解每位個案的需求，並強調人性化的服務。以專業知識為核心，重視臨床技能精進，提供全方位且多元的服務，追求醫療品質的提升。著以體貼感動出發，秉持博愛謙卑的服務態度，致力恢復個案的健康。

回想物理治療的工作經驗，在醫學中心，每天有處理不完的各式各樣的個案，像是銀髮族的健康照護、中風或骨折之功能重建，或兒童早期療育、肩頸腰痠痛與肌腱炎改善，及心肺適能的

提昇、淋巴的循環功能、亞健康者的姿態調整和運動衛
教等，忙碌之程度很難敘述，但由於都是團隊成員互相
合作，寫下的全是一篇篇的感動。

　　深怕遺漏任何需要協助、有所需求的民眾，我們也
開始走入社區，給予關懷，傳遞衛教知識，也藉由分享
文章，期能更多民眾認識「物理治療」，知道借助我們
的專業，可以幫助他們走出無助、疼痛。我們朝健康主
導者的目標努力，也獲得院內肯定與物理治療學會的鼓
勵。

　　在院裡眾多的團隊中，感謝出版委員會的肯定，
使物理治療團隊能脫穎而出，以關懷社會婦女健康為主
軸，呼應職業婦女、晚婚、生育率下降、少子化議題，
從物理治療的基礎下，輔以圖片示範、步驟說明、簡明
陳述，提供媽咪孕動良方。整本書以孕期、分娩後、未
來保健的順序，並附加幼兒成長相關常識，目的就是希
望媽咪們在減少自身不適的同時，也能快樂地迎接家庭
新成員，並協助寶貝快樂、健康的成長。

這是彰基物理治療團隊所發行第一本書，每位成員皆滿心期待書籍的出版。雅惠、嘉豪扮演總監角色，不厭其煩地對外聯繫、整理文稿、追蹤進度。美雲、淑英、佩玲、莉斐、禧萱、翊逢、怡妏、家竹、詠淳、雅鳳、騰寬、柏宏、俊賢、奕廷、珮君、書蓉等治療師，則擔起協助拍攝、動作示範、經驗交流的工作。當然，也要感謝曾經與我們一起努力的醫師與其他治療師夥伴們。共同付出、打拚，才有這本心血結晶的誕生。

　　物理治療師所接觸的個案，從剛出生的北鼻，到即將走到人生盡頭的長者，因為是一份「凝視人生」的工作，很容易讓人重新思考人生的意義，這讓我們的工作更具價值。

　　在此，衷心將這本書獻給每位準媽咪，期待書中的內容能帶領您邁向 3H（快樂、健康、和諧）的人生，並懇請您不吝給予建議與指教，讓我們在好中求更好，往更高的標竿邁進。

部門簡介 & 長官的話

魏大森（彰基體系復健醫學部主任）

彰基是雲林、彰化、南投等地區，唯一的醫學中心，擁有最充分及完備的醫療照護資源。復健醫學部除了物理、職能、語言和心理等四大治療單位外，尚有三個專業中心（跌倒防治中心、醫療輔具中心、工作強化中心）與五個特別門診（跌倒暨步態障礙、痙攣阻斷特診、失能鑑定、淋巴水腫、發展遲緩），以上設立目的，皆是為了提供民眾最佳的醫療服務品質。

這本書是由物理治療同仁集體創作，彙整臨床經驗上（準）媽咪常會遇到的問題，並特別收錄育養新生兒時，應該知道的知覺發展里程碑，與簡單實用的嬰兒按摩技巧，其中不僅有專業知識，還有實用衛教，內容提綱挈領、深入淺出，讓（準）媽咪在產生疑慮前，就做好全盤的準備。

事先預防或適時緩解媽咪的生理問題，對減輕心理上或精神上的負擔，相當有幫助。對嬰幼兒發育發展有基本了解，才能做到及早發現或介入，避免其他後遺症。在此，向大家推薦這本值得一讀的好書。

賴佐君　物理治療師

嫁做人妻後，生了兩個孩子。懷孕與哺乳的體會，已經是十多年前。多虧物理治療的舞臺，讓我能盡棉薄之力，助媽咪無往不利。

周雅惠　物理治療師

莫名踏入物理治療世界，在此打轉、學習很多年。尤其喜愛骨骼肌肉、婦女系統的物理治療。期待透過分享，讓更多人知道物理治療神奇的領域。

邱政凱　物理治療師

專長在於精選功能性動作評估（SFMA）的身體評估與運動治療，姿勢矯正、皮拉提斯（Pilates）、核心訓練

張瑋玲　物理治療師

有孩子前，專長在成人、運動員的姿勢動作評估與運動指導。有孩子後，希望將正確運動原則傳遞下去，期待大家都能正確運動，健康快樂！

黃新雅　物理治療師

專長在於去腫脹淋巴療法、自我按摩、乳癌術後運動衛教、乳房重建後按摩指導

陳怡年　物理治療師

第一志願考上物理治療學系，至今職業邁入第十九年。熱衷兒童物理治療領域。期許能對所有孩子貢獻所學，讓他們順利成長。

王璿婷　物理治療師

在一個偶然的因緣際會之下，與產後婦女乳管疏通結下了不解之緣。盼望透過專業，幫新手媽咪度過每個「難關」。

楊嘉豪　物理治療師

投入物理治療超過十年。提供中樞神經系統疾患的個案復健治療，並擅長處理筋膜緊繃、疼痛問題。擔任此書攝影工作。

特別協助

動作示範

賴怡妏　　物理治療師
邵美雲　　物理治療師
林芳筑　　研究助理

好孕筆記

觀念篇

孕媽咪的痛與動

「一痛未平，一痛又起」的準媽咪，可知這些痛為何而來？別以為臥床安胎最好，把握原則的規律運動，不只媽咪變健康，北鼻發育也更能順利。

1-1
孕期的生理變化與好發疼痛

女性在懷孕期間，體內的賀爾蒙會產生極大變化，這是為了讓準媽咪成功孕育寶寶。然而，在此同時孕婦的肌肉骨骼及身體結構也會受到影響，例如，背痛、肌腱發炎、水腫、抽筋等，經常成為準媽咪的困擾。

　　不過，這些懷孕期間的生理不適，幾乎是每一位媽咪都必須經歷的。唯有了解這些改變與疼痛，並做好心理準備、努力預防或舒緩，才能以更健康更快樂的心，迎接新生命的到來。

認識孕期常有的生理變化

　　如果說，懷孕是一個大驚喜，那麼「懷孕的過程，大概可以算是一連串的驚喜」吧！可惜的是，孕期雖然驚喜不斷，卻不見得個個惹人愛，老實說，大部分的驚喜倒比較像是不速之客，在意外地來訪、讓人措手不及之餘，往往還會造成孕媽咪生活上的困擾。好比屢創新高的體重、逐漸改變的體態與時不時就出現的疼痛。

　　當肚子裡住進了新的生命個體，孕媽咪的體重隨著小生命的成長逐漸增加，是一件理所當然的事。一般而言，從懷孕到生產的這段期間，孕媽咪的體重平均約會上升 11 ～ 16 公斤。**這些孕期新增的重量，會讓孕媽咪的部分關節，必須承載比懷孕前多出兩倍以上的壓力。**還有日漸隆起、變大的孕肚，連帶使孕婦的身體重心出現變化。

　　隨著胎兒慢慢地長大，孕媽咪的身體為了支撐孕肚、保持平衡，下背與腰椎會開始向前彎曲（向前凸），這不僅會使脊椎兩側的肌肉緊繃僵硬，還會導致上背與胸椎的彎拱，造成駝背與頸椎向前的現象。除此之外，腹部肌群則由於肚子變大、被牽拉伸展而顯得無力。

大多數孕媽咪會面臨的第一個問題，是關節與韌帶的不適與疼痛。例如，在脊椎前後的縱韌帶（anterior and posterior longitudinal ligaments）鬆弛之後，關節穩定性也隨之變差，要是經常施力方式不當、姿勢或動作不良，肌肉拉傷的機率就會跟著提高。

同樣的，一旦骶髂關節（sacroiliac joints）及恥骨聯合（pubic symphysis）為了「做足讓胎兒通過產道的準備」而變得鬆弛時，一個不注意就可能引起骨盆及尾骶骨疼痛。在臨床上，就曾遇過因為咳嗽、打噴嚏等日常小動 作，而痛到需要上門求診的孕媽咪。

除此之外，懷孕期間的賀爾蒙變化，使體內水分變多且容易滯留，經常造成水腫現象，進而壓迫到某些較為脆弱的組織而引起不舒服。例如，手部水腫壓迫到腕部的正中神經（median nerve），因此發生雙手麻木等罹患腕隧道症候群的症狀。

懷孕是女人人生的大事，正視生理變化則是孕期的大事。身體結構的變化讓肌肉相對長度改變時，肌肉的收縮方式與尚未懷孕前大不相同，如臀大肌、臀中肌與小腿後肌群的用力程度增加。唯有多多強化這些肌群的肌耐力，才能幫助孕媽咪的日常活動與行動更加輕鬆自在。

孕媽咪生理變很大！

上背與胸椎的彎拱，造成頸椎前傾與駝背的現象

下背與腰椎的前傾，造成脊椎兩側肌肉緊繃僵硬

腹部肌群因肚子變大，被牽拉伸展而無力

關節鬆弛，小動作就會誘發骨盆及尾骶骨的疼痛

腕部水腫壓迫而痠麻，甚至罹患腕隧道症候群

臀大肌、臀中肌與小腿後肌群用力程度增加

孕媽咪好發的 5 種疼痛

PAIN 1 小腿抽筋

懷孕到了後期（即懷孕 8 個月之後），常常會有孕媽咪發生小腿抽筋的情況。時至今日，抽筋的成因仍不是很肯定，但經常被認為是某些因素造成的乳酸及丙酮酸堆積，因而引起肌肉不自主痙攣的症狀。

過去，雖然有專家指出「肌肉的痙攣和鈣離子缺乏具有相關性」，但透過研究卻發現：**補充「鈣」，對於抽筋的治療其實無顯著幫助，補充「鎂」可能還有所助益**。因此，要是孕媽咪期待降低小腿抽筋的發生率，不妨適量攝取含鎂量較豐的食物，像堅果類、葉菜類、豆莢類、全穀物、肉類、牛奶製品等，都是日常很容易取得的食材。

此外，**多做「柔軟操」動作亦能避免小腿抽筋**。孕媽咪不妨維持「每天 2 次、每週至少 4 天」的運動頻率，來達到預防保健的效果。

31

部分的蔬菜中含有鎂，其中又以葉菜類與豆莢類的鎂含量較為豐富

PAIN 2 骨盆關節疼痛

骨盆關節不對稱或活動度增加是造成骨盆疼痛的原因。女性在懷孕 10～12 週左右，賀爾蒙鬆弛素（relaxin）的濃度上升而使恥骨聯合活動度增加，連帶影響關節的穩定性，增加受傷及疼痛的風險。這時，**建議使用「托腹帶」或「骨盆帶」來達到支撐及保護的作用。**

PAIN 3 手腕部疼痛

肢體的水腫及鬆弛的韌帶都會增加手指及手腕的關節或周圍肌肉的負擔。想改善類似症狀，除了要**加強手腕部的肌力訓練**，還得**進行消水腫的運動或按摩**。

PAIN 4 足底疼痛

懷孕中後期（即懷孕 5 個月之後），隨著胎兒成長、母體的體重增加，雙腿及雙足的負擔自然跟著變大，加上水分很容易會滯留在小腿與足部，因而經常伴隨著足底疼痛的現象。這時，藉著**穿著壓力襪、抬腿運動，**或睡覺時以枕頭墊高下肢、**外出及活動時穿著支撐性好、彈性佳與附有氣墊的運動鞋，**便能舒緩足底疼痛的症狀。

PAIN **5** 下背部疼痛

　　舉凡生理姿勢的改變、關節變鬆、肌肉無力等都會造成下背疼痛。臨床上，醫療人員首先會了解「*孕婦在未懷孕前，是否曾經有背痛問題或相關病史*」，這有助釐清疼痛是否因懷孕而起。下背痛常發生在懷孕中後期（即懷孕 5 個月之後），且多半在活動一段時間後感到不舒服，但休息後就能改善。針對未能改善而上門求診者，會優先評估日常活動姿勢（如坐、站或走路等），並透過觸診判斷脊椎兩側肌肉的緊繃程度。

　　下背部疼痛有時還會向下延伸到大小腿或下腹，尤其在睡覺翻身時，感覺特別強烈。遇到這類型的患者，治療師會判斷是否為神經受到壓迫而起的局部肌肉疼痛，再進行恰當的治療。不論如何，**約八成以上患者生產後疼痛就會消除**，僅少數患者在生產後二到三年，仍持續有背痛問題。

33

透過簡單的運動，能有效緩解
孕媽咪的下背疼痛問題

1-2

孕媽咪動起來的
安心叮嚀

當肚子裡，正孕育著一個新的生命個體時，除了定期的檢查外，規律的運動也非常重要。

　　產檢的目的在於透過專業醫療人力與儀器，篩檢及監測準媽咪與胎兒的健康狀況，並藉此了解「胎兒發育是否符合正常的生長曲線」、有無子癲前症 📍₁、早產風險。

　　正確且規律的運動模式，好處多多。不只能使孕媽咪在懷孕期間保有健康的身體，維持愉快的心情，對於胎兒的發育，也具正面的效果。

1　子癲前症（preeclampsia）為僅在還懷孕期間發生的疾病。特徵為孕婦有高血壓、蛋白尿與水腫的症狀。該疾病會造成母親與胎兒不良預後，如無及時治療而導致癲癇發作（相關診斷仍需諮詢專業醫師）

孕期運動，好處多多

　　有人說，運動讓體內細胞活起來，持續活動則是改善或保有健康的最佳模式。以上適用任何身體狀況允許運動的人，不論是否有孕在身。所以，千萬不要以為肚子住進小北鼻後，就只能以「不動」應萬變，或乾脆將臥床安胎視為最佳選擇。

　　其實，在母體的狀況與胎兒的發展皆正常的前提之下（如果不確定可於產檢時諮詢醫生），孕媽咪依然能夠享有運動帶來的好處，例如：

- **維持並促進體適能**：減輕因為懷孕過程中，負荷逐日增加而產生的疲勞現象

- **協助控制孕期體重與體脂肪的產生**：對於產後的瘦身與塑身具有正面的幫助

- **加強肌耐力與關節的穩定性**：減少發生下背或其他部位肌肉骨骼疼痛的問題

- **增加血糖的使用、促進胰島素的分泌**：能有效減少妊娠糖病 _註2 的發生風險

2　孕期因胎盤分泌賀爾蒙而使血糖上升，少數孕婦由於胰島素分泌不足使血糖濃度偏高，若無適當醫治，對媽媽與胎兒均有不良影響（相關診斷仍需諮詢專業醫師）

孕媽咪運動的 4 個注意事項

POINT 1 斟酌自身的健康狀況

孕媽咪想從事運動之前，一定要先斟酌自身的健康狀況。一般而言，健康狀況的評估應該包括：懷孕的週數、是否有服用藥物、是否有疾病史（如心臟病、糖尿病、高血壓、肺部相關疾病，或肌肉骨骼曾經受過傷等），以上皆可以作為所要從事的運動項目或強度標準。倘若仍有任何的疑慮或不確定性，務必要諮詢產檢醫師。

POINT 2 初期要避免劇烈運動

剛懷孕的媽咪，經常伴隨噁心、嘔吐（乾嘔）等不適症狀，從事的運動往往因此受到限制。此時，過度地勉強自己克服並沒有好處。**懷孕初期（即懷孕 3 個月內）還是要盡量以簡單、溫和、熟悉的日常活動（如散步、快走等）為主。**

當然，運動的時間也不宜過長，建議從「每次 15 分鐘」為基礎，隨自己的體能與體力，逐次增加時間，直到身體可以承受的範圍，並切記在過程中，要適時適量的補充水分。運動時，最好有親友陪伴在側，安全性更高。

POINT3 防高體溫，散熱第一

運動產生的熱能，會使體溫快速上升，高溫不只會讓本來就體溫偏高的孕婦感到不適，還可能會導致胎兒的發展異常，所以孕媽咪務必留意。尤其在懷孕初期階段、約胎兒 4 ～ 6 週大左右。媽咪務必要避免別讓自己的中心體溫超過 39℃，才能減少胎兒出現小兒神經管畸形（deformity of neural tube，DNT）等機率問題 註3。

孕媽咪想防止中心體溫過高，運動過程的散熱很重要。盡可能**選擇通風性良好的運動場所、穿著排汗性佳與寬鬆透氣的運動服裝，還要妥善控制運動的種類與持續時間，**（高強度與長時間的運動，較容易造成體溫快速上升）。

POINT4 重視身體發出的警訊

不論從事何種運動，孕媽咪都應該在過程中隨時關注身體狀況，任何一個異常的反應，都可能是身體發出的抗議警訊，千萬不要忽略。其中包括陰道出血、羊水滲漏、頭暈、呼吸急促或困難（喘不過氣）、胸痛、頭痛、肌肉無力、小腿疼痛或腫脹、子宮收縮過於頻繁、胎動減少等徵兆，都應該立刻停止運動，並盡速就醫，充分休息。

---

3 指胎兒腦或脊髓椎發育異常，導致畸形。除了易造成流產，也會嬰幼兒早夭或先天殘疾的主要原因。

安全孕動小要訣

把握以下 **5** 個小要訣，孕媽咪就能降低傷害與危險性，安心並開心地享受運動帶來的樂趣及好處。

2. 穿著舒適、易排汗服裝，與彈性良好的運動鞋

1. 孕期滿三個月後，再開始從事中等強度的運動

3. 選擇通風良好的運動環境，並適時補充水分

4. 運動過程不要憋氣，呼吸可以促進身體代謝

5. 出現疲累或不適感，要稍作休息或停止，千萬別硬撐

孕期運動的 3 個大哉問

近幾年以來，即便愈來愈多人提倡孕期運動，卻仍有為數不少的孕媽咪（或其家屬），對於「孕婦要運動」這件事，感到懷疑與恐懼。就曾經看過有些孕媽咪因為過度擔憂，而放棄孕前就建立起的運動習慣，實在是相當可惜。為了讓各位孕媽咪可以拋開疑慮、安心動起來，以下針對常有的問題，一一說明。

POINT 1 孕媽咪可以從事運動嗎？

對於以下旁白，有沒有感覺似曾相識呢？大概有很多的人都像這樣，搞不清楚 ——「孕婦到底可不可以運動」吧！

我懷孕五個月多了，肚裡北鼻會不會因為我運動而掉下來啊？

媳婦啊！妳可別輕舉妄動，這樣我的金孫才能平安地長大！

只要定期產檢，並留意每次運動後的身體反應，**在孕媽咪健康狀況良好、胎兒發展也正常的條件下，非常鼓勵於懷孕期間，規律從事「中等強度」的生理活動或休閒運動。**

不過，當然不能完全比照孕前的運動模式。孕媽咪除了運動時間不宜過長，也不建議太劇烈，以免造成宮縮或影響胎兒的穩定性。透過在「運動的過程中，能正常與他人進行對話」來檢視運動強度是否洽當，是最直接簡單的方式。

另外，參考柏格氏運動自覺費力量表（Borg Rate of Perceived Exertion Scale），也可判斷運動強度。係數落在 12～14 等級，感覺介於輕鬆與費力之間，即表示為中等強度的運動，很適合孕媽咪規律從事。

費力等級落在係數 12～14，屬於中等強度運動，很適合孕媽咪

自覺費力量表	
係數	感覺程度
6	沒有用任何力氣
7	非常非常地輕鬆
8	↓
9	非常地輕鬆
10	↓
11	輕鬆
12	↓
13	有點費力
14	↓
15	費力
16	↓
17	非常地費力
18	↓
19	非常非常地費力
20	幾乎是用盡力氣

41

POINT2 孕媽咪的運動頻率該如何安排？

若過去沒有運動習慣，懷孕期間想從事運動的準媽咪，建議要從「**每天 1 次，每次約持續 15 分鐘，每週至少執行 3 天的低強度（係數 7 ～ 11 等級）運動**」開始，並隨著體力負荷程度增加，慢慢地提升運動的強度。等待體能、肌力等各方面都訓練起來後，再朝**「每天 1 次，每次約持續 30 分鐘，每週執行 5 ～ 7 天的中強度運動」**的目標邁進。

另外，**務必遵循運動的基本原則 ── 除了事前要暖身 10 分鐘，運動結束亦需進行 10 分鐘的收操運動。**由於懷孕期間的生理變化，造成全身韌帶及關節較為鬆弛，故做伸展動作或柔軟操時，應該更加溫和，以免關節受傷。

目前為止，並無研究報告明確指出「懷孕期間的安全運動頻率上限」，不過，若超過 45 分鐘，要特別注意環境的溫溼度是否適當，並適度補充水分與熱量，以因應過程中的消耗。

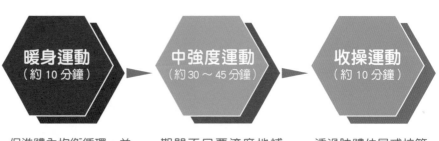

暖身運動（約 10 分鐘）	中強度運動（約 30 ～ 45 分鐘）	收操運動（約 10 分鐘）
促進體內均衡循環，並讓肌肉逐漸調整至適合運動的狀態	期間不只要適度地補充水分及熱量，還要隨時留意身體狀況	透過肢體伸展或拉筋，來避免肌肉的痠痛，讓身體充分放鬆

POINT3 適合孕媽咪的運動有哪些？

想在懷孕期間維持體能、建立運動習慣的話，孕媽咪可以從事包括**有氧運動**、**阻力訓練**及**柔軟操**，像瑜珈、皮拉提斯（Pilates）、固定式腳踏車，或使用彈力帶、沙包、啞鈴等工具輔助，進行交替循環的阻力訓練。

此外，孕媽咪可以嘗試看看**水中運動**。水中運動不光只有游泳而已，在水中步行或水中伸展都算，但要留意水溫，不宜超過 32°C。水中運動可以有效減緩四肢水腫，並降低關節的壓力，舒緩因孕期關節穩定性變差而導致的不適。而且比起其他的陸上運動，水中活動較沒有平衡感問題及跌倒危機。運動時產生的體熱，也因為在水中能較為快速地散去。不過，水肺潛水活動因為需經歷劇烈的水深變化，容易造成胎兒肺部循環的困難，懷孕婦女應盡量避免。

其實，稍微改變平日的生活習慣，孕媽咪隨時隨地都可以運動。像是縮短搭車的路程（提早幾站下車），利用機會以**散步**或走路的方式到達目的地。或加快本來的走路速度，達成**快走**的效果。或以**爬樓梯**代替搭乘電梯，也是很不錯的有氧運動，不僅能增加肌力，還能促進心肺耐力，唯下樓梯動作傷膝蓋，應盡可能減少。

43

　　有些運動項目不建議在懷孕期間從事，尤其又以跌倒機會高、會撞擊肚子或強度過高的活動，更要避免，像是體操、騎馬、滑雪、跳傘，或爬登超過 2,500 公尺以上的高山等。需要跳躍或快速變換方向的活動，像是球類或競技類等，因為容易增加關節的損傷，也要盡量減少。此外，懷孕中後期階段，較不適合平躺運動，因為平躺姿勢會影響下肢靜脈的回流，容易造成低血壓。

　　選擇適合的運動類型與執行模式，孕媽咪便可以藉由運動習慣，獲得身體與心靈上的健康，肚子裡的寶寶也能從中得到好的影響。各位孕媽咪們，現在就開始動起來吧！

懷孕初期（1～3個月）
- 盡量維持正常活動，或從事緩和的運動
- 若孕前就有規律運動，可降低強度執行
- 建議運動項目：散步、走路、爬樓梯

懷孕中後期（4～10個月）
- 在健康狀況許可下，從事中等強度運動
- 尤推舒緩水腫，減關節壓力的水中運動
- 易有血壓偏低問題，不適合平躺類運動
- 建議運動項目：快走、固定式腳踏車、瑜珈、皮拉提斯、游泳、水中伸展

孕期篇

孕動，緩解痠麻痛

腰痠背痛、水腫、靜脈曲張等，
是媽咪孕期必經路，若沒有好好處
理，不只生理不舒服，還可能產生
壞情緒。透過規律運動與按摩，這
些惱人問題就能輕鬆改善！

床上 3 運動，
緩解腰痠與背痛

「醫生，怎麼辦？懷孕以來，天天都腰痠背痛，偏偏肚子裡有北鼻，止痛藥又不敢亂吃，到底該怎麼做，才能舒服一點呢？」

　　說真的，不光是懷孕的婦女，就連沒有身孕的一般人，也常常會出現「下背疼痛」的困擾，對背痛患者而言，這的確是一個難以形容的痛點，一旦痛起來，簡直是要人命啊！孕媽咪成天挺個愈來愈大的肚子生活，不只背痛的情形常見，往往還會伴隨著腰痠症狀。

為什麼懷孕愈後期，痠痛愈嚴重

「我的肚子也不算很大，怎麼背會痛的這麼厲害？」

「不到 5 個月就痛成這樣，接下去的 5 個月還得了！」

根據統計，女性在懷孕過程中，發生背痛的比例高達 50 ％以上，而且越到後期，肚子裡的胎兒逐漸長大之後，疼痛感還可能加劇，甚至嚴重到影響日常起居與心情。孕婦發生背痛的原因很多，大致可分為以下兩種：

■ **體重的增加**：肚子裡的胎兒逐漸長大和母體的體重與日俱增，都將導致孕媽咪的腰椎負擔變大，周邊肌肉因難以支撐而不堪負荷

■ **賀爾蒙的變化**：懷孕會使賀爾蒙分泌增加，如「鬆弛素」或「黃體素」會讓韌帶變得鬆弛，以致關節的壓力增加，因而造成痠痛

很多時候，疼痛並不會安分地只在背部發生，也可能會出現在腰部，或往臀部、大腿的後側等位置蔓延，有些孕媽咪可能連骨盆的後側（薦髂關節等）都會感到疼痛。

令人困擾的是，疼痛無時不刻都「伴隨左右」，舉凡睡覺翻身、坐著轉身、躺臥或坐著時要起身之際，都會感到不舒服。尤其在長時間站立或走路後，不適感會更加嚴重。

偏偏這些症狀，並不一定在「卸貨」後就煙消雲散。嚴重的狀況下，疼痛可能會持續數年以上。會造成如此結果，多半是肌肉無力撐起腰椎，因而從腹腰部到骨盆一帶，有一種「鬆垮垮、支撐不住上半身」的感覺。

若不想被疼痛纏身，除了尋求醫生的協助，懷孕期間不妨試著做些簡單的運動，一方面減少不適，另一方面也強化核心肌群、增加肌耐力，讓整個孕期的身體機能更佳，生活品質自然跟著能變好。

床上 3 運動，緩解腰痠背痛

　　運動時，**切忌在太軟、容易下陷、太硬的床上進行，以避免運動傷害**。家中的床若不適合，將瑜珈墊或較厚大浴巾平鋪在地板上也 OK ！

第1招

骨盆挪移　功效

建議重複次數：10 次

- 緩解並預防孕期造成的腰背痠痛
- 訓練核心肌群以支撐漸大的孕肚

50

STEP 1／準備姿勢

平躺。雙腳略開（與臀同寬），彎曲踩床。雙膝分離不靠攏。腰部放鬆，保持自然曲線。雙手放在身體兩側

⚠ NOTICE
期間膝蓋應保持朝上，
不外八或內八

STEP **2** 骨盆前後傾
將骨盆後壓，帶動後側腰部貼床，維持 3 秒後放鬆。重複做
10 次，回到準備姿勢

STEP **3** 骨盆左右傾
將左側骨盆向左斜、貼近床面，使右側骨盆抬離床面，維持
3 秒後，再換邊做。 左右側各做 10 次

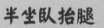

第2招

建議重複次數：10 次

半坐臥抬腿

功效

■ 舒緩並改善孕期造成的下背痠痛
■ 訓練核心肌群，並強化雙腳力氣

STEP 1 / 準備姿勢

讓身體靠著瑜珈球或牆面，使上背部有所支撐，呈半坐臥姿勢。雙腳略開、彎曲踩床。雙手自然擺放於身體的兩側，輔助穩定上半身

⚠ NOTICE
腳抬高度視孕期決定。
肚子愈大，腳抬高度愈低

小腿與地面平行

53

STEP 2／ **輪流抬小腿**

將左小腿慢慢向上抬，至與床面平行後停止，再慢慢將左腳
踩回床面，回到準備姿勢，並換邊做。期間上半身不晃動、
臀部不離開床面

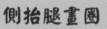

第3招　側抬腿畫圈　功效

建議重複次數：5次

■ 舒緩並改善孕期造成的下背疼痛
■ 訓練核心肌群，並強化雙腳力氣

STEP 1　準備姿勢

側躺。一手枕於耳下，另一手置於胸前支撐，讓身體保持穩定。下方腳略向前微彎，上方腳打直、自然垂放於上

⚠ NOTICE
畫圈時，保持腰部放
鬆、動作流暢即可

小腿位置略高於肩

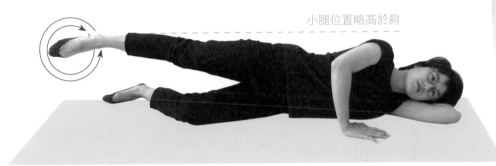

STEP **2** 抬腿畫圈

將左小腿慢慢向上抬，至與床面平行後停止。以順、逆時針
方向各畫 3 圈，再慢慢將左腳放回床面，並換邊做。期間上
半身不晃動、臀部不離開床面

2-2

改善下肢水腫的
淋巴引流按摩

迎接新生命的到來，是令人喜悅並充滿期待的事。不過，懷孕過程中常見的「水腫」及「靜脈曲張」問題，卻也是讓孕媽咪苦不堪言的一件事。

其實，每天利用一些時間，從事簡單的活動（如散步），就能達到「促進肌肉收縮」的效果，這將助益於血液的回流、水腫狀況的改善。若是能同步調整生活上的細節（如不良的習慣或姿勢），並搭配下肢淋巴引流的按摩，那些懷孕期間的惱人症狀，就會日漸消失了。

孕媽咪發生水腫的主要原因

「本來好穿好走的鞋，現在不只走起路來咬腳，穿的時候還得很辛苦的塞，都快穿不下了！」

「奇怪，以前脫戴自如的婚戒，懷孕之後怎麼使勁全力都拔不太下來，難不成胖到連手指都長肉了嗎？」

大概有不少的孕媽咪是像這樣，發現自己水腫的事實吧。女性由於賀爾蒙的平衡問題，本來就比男性容易水腫。一般未懷孕的女性，尤其會發生在身體循環較差、水分排出較困難的生理期前或期間。

若是懷孕，水腫會更加明顯。這是因為在懷孕期間，媽咪體內的水分大量增加（包含羊水、胎兒血液等），其含量可能會比未懷孕前高出近三成以上，而且水腫部位不僅在小腿、腳背，髖部和臉部也可能發生。

懷孕後期、懷胎約 8 個月開始，孕媽咪的水腫，還會隨著懷孕週數增加，益發明顯。最主要的原因是，全身血流量增加與荷爾蒙分泌的變化，大量的鈉與水分滯留體內，加上腹內胎兒日漸長大，子宮對骨盆腔形成壓迫，下肢靜脈回流壓力增加，使血液淤積腿部，導致下肢水腫與靜脈曲張。

　　若是如上所述的單純水腫，孕媽咪不必過度擔心，想要改善並非難事，從日常生活的細節著手，積極調整不良或不正確的模式或習慣，狀況便能好轉。例如：

- **多休息。要有充足的睡眠，避免過度勞累**

- **避免久站、久坐、長時間行走或固定姿勢**

- **避免穿戴過於緊繃的鞋、襪、衣物或飾品**

- **睡覺時，採左側臥姿，減少血液回流阻力**

- **飲食要盡可能均衡，避免攝取過量的鹽分**

- **適時把腳墊高，幫助循環與下肢血液回流**

- **穿著彈性襪，尤其是已有靜脈曲張的媽咪：**建議每日起床、下床活動之前就穿好彈性襪。因為一下床就得考慮靜脈回流問題，而且水腫在休息之後會較為舒緩，所以彈性襪較容易穿著

運動搭配淋巴按摩的消腫提案

　　運動與按摩相輔相成，是改善水腫的有效方式之一。運動時，建議穿著彈性襪，尤其是本來有靜脈曲張問題的孕媽咪，更要留意這一點。

第 **1** 招

建議重複次數：5~10 次

按摩膕窩

功效

■ 改善懷孕期間下肢水腫的情形
■ 利用加壓清空淋巴結，促進循環

STEP **1** 　**準備姿勢**

坐在床或地板上。先將其中一腳彎曲，輕踩在身體前側的床或地板

STEP **2** 　**定點按揉**

以 2 ～ 3 根手指指腹，定點按揉膕窩（膝蓋後側），按揉 5 ～ 10 次後，換腳輪做

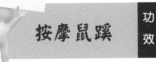

第2招

按摩鼠蹊

建議重複次數：5~10 次

功效

■ 改善懷孕期間下肢水腫的情形
■ 利用加壓清空淋巴結，促進循環

⚠ NOTICE

揉捏力道略重，過程中稍感痠痛是正常的

61

STEP **1** / 準備姿勢

坐在椅子或床沿，雙腳自然垂放於前。一手撐於身體斜後側，輔助維持上半身穩定

STEP **2** / 定點按揉

以2～3根手指指腹，在左、右側鼠蹊部定點按揉，左右各按揉 5 ～ 10 次

第3招

按摩大腿

功效

建議重複次數：5~10 次

■ 改善懷孕期間下肢水腫的情形
■ 利用加壓清空淋巴結，促進循環

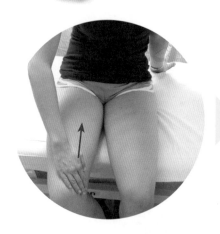

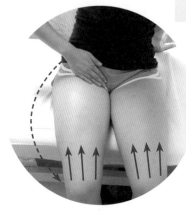

⚠ NOTICE
結束後，重複進行
鼠蹊按摩，可達加
強清空效果

STEP 1 準備姿勢

坐在椅子或床沿，雙腳
自然垂放於前。一手撐
於身體斜後側，輔助維
持上半身穩定

STEP 2 加壓引流

手掌貼大腿由膝蓋往鼠蹊
帶，再依大腿前、內、後、
外側順序重複 5 ～ 10 次
後，換腳輪做

第**4**招

按摩腿部　　功效
- 改善懷孕期間下肢水腫的情形
- 利用加壓清空淋巴結，促進循環

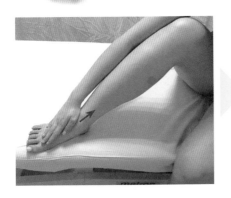

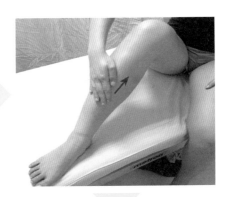

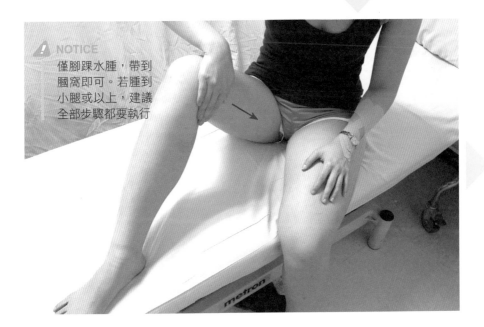

⚠ NOTICE
僅腳踝水腫，帶到
膕窩即可。若腫到
小腿或以上，建議
全部步驟都要執行

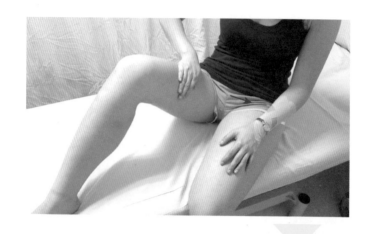

⚠ NOTICE 1

結束後，重複
進行膕窩與鼠
蹊按摩，可達
加強清空效果

STEP 1 　準備姿勢

坐在床或地板上。將其
中一腳彎曲，輕踩在身
體前側的床或地板，並
保持身體穩定

STEP 2 　加壓引流

將手掌貼著腿部皮膚，
由腳背輕輕帶往膕窩
（膝蓋後側），再帶往
鼠蹊部，重複 5 ～ 10
次，換腳輪做

第**5**招

建議重複次數：10 次

活動腳板

功效

■ 改善懷孕期間下肢水腫的情形
■ 促進血液循環，舒緩腳板的壓力

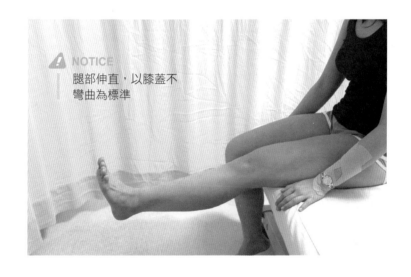

⚠ NOTICE

腿部伸直，以膝蓋不
彎曲為標準

65

STEP **1** 準備姿勢

坐在椅子或床沿，雙手放身體兩側，穩定上半身。坐穩後，
將左小腿向上平抬，至左腳打直

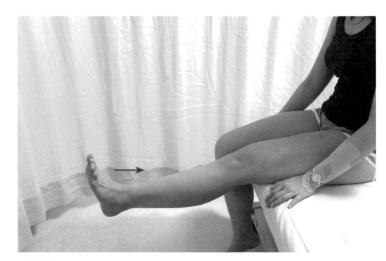

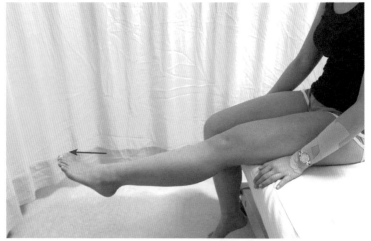

STEP 2 勾壓腳掌

勾起腳板（腳尖朝上），維持 5 秒後放鬆。接著，壓下腳背（腳尖朝前），維持 5 秒後放鬆。以上動作重複 10 次

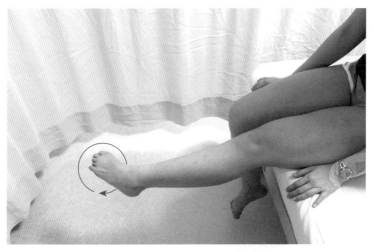

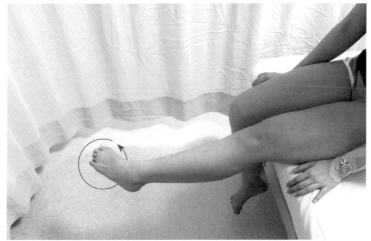

STEP **3** 旋轉腳掌

以順時針方向旋轉腳掌 10 圈，再以逆時針方向旋轉腳掌 10
圈，旋轉速度盡量放慢。完成後，換腳從 STEP 1 開始

68

第6招

伸展小腿A

功效

建議重複次數：10 次

■ 改善懷孕期間下肢水腫的情形
■ 避免小腿肌肉緊繃而產生痠痛感

⚠ NOTICE 2
手部呈放鬆狀態
（不可將桌椅向前
推動）

⚠ NOTICE 3
膝蓋的位置以不超
過腳尖為原則

⚠ NOTICE 1
雙腳腳跟與腳尖
都要貼緊、不離地

STEP 1 準備姿勢

雙手輕扶椅背或桌子，保
持身體平衡。雙腳採弓箭
步姿勢（前腳彎曲微蹲、
後腳伸直）

STEP 2 伸展小腿後側

身體重心往前，使後腳小
腿略感緊繃，停留 15 秒
後放鬆，重複 10 次。接
著，換邊輪做

第7招

建議重複次數：10次

伸展小腿B

功效
- 改善及預防孕期下肢水腫的發生
- 避免小腿肌肉緊繃而產生痠痛感

⚠ NOTICE
若平衡感較差，過程中建議扶牆，防止因重心不穩而跌倒

STEP **1** 準備姿勢

將雙腳呈前後微開站穩。前腳的腳板勾起，輕靠牆壁或階梯（櫥櫃、床等固定重物也可以）

STEP **2** 伸展小腿後側

身體重心緩慢向前傾，讓前腳小腿後側感到緊繃，並停留15秒再慢慢放鬆，重複10次。再換邊輪做

2-3
做做柔軟操，
緊繃肌肉放輕鬆

大腹便便的孕媽咪，一下煩惱「這裡痛」，一下又抱怨「那裡痠」，好像懷孕之後，身體的每個零件都出狀況，難免懷疑自己「是真的生病了嗎」。各位準媽咪們，別再為了疼痛而過度緊張，先了解「『痛』從哪裡來」吧！

　　女性懷孕後，在生理（如解剖結構、內分泌系統等）會陸續出現有別孕前的巨大變化，這是為了讓母體順利地孕育胎兒所做的準備，但此同時，孕婦的肌肉、骨骼、神經系統，也會受到重大影響。

孕媽咪的「痛」從哪裡來？

　　懷孕期間，一下子「這裡痛」，一下子「那裡痠」是很常見的現象，大多數的準媽咪都會經歷這樣的過程。當一個新生命住進肚子裡，身體也將出現變化。

　　孕媽咪身體的痛，與弛緩素脫不了關係，但這並不代表弛緩素是個壞東西。弛緩素（relaxin）是一種女性的荷爾蒙，不論懷孕與否，都會適量分泌，以維持體內荷爾蒙的平衡。懷孕期間，弛緩素的分泌會大量增加，最主要的目的在於「使結締組織及子宮肌層鬆弛」，好讓骨盆關節與韌帶盡可能呈現放鬆狀態。如此一來，到了生產的日子，才有足夠空間讓嬰兒通過產道、順利出生（指自然生產）。

　　然而，弛緩素亦會對身體形成其他的不良影響。例如，連帶使骨盆關節變得脆弱，尤其在懷孕後期、胎兒愈長愈大，孕媽咪身體負重增加，在穩定性降低的情況下，受傷機率也相對提高。此外，弛緩素作用並不限於骨盆，也會造成其他部位關節鬆動，韌帶一旦放鬆，支撐力也跟著變差，肌肉組織就要負擔更多重量，若沒有適時適度的強化肌力，額外負重極有可能引起疼痛或發炎。

　　媽咪懷孕初期最常發生的是臀部（薦髂關節部位）疼痛或按壓時的疼痛。還可能延伸至整個下背，甚至連大腿後側都有感覺。懷孕愈到後期，腰椎曲度會隨著胎兒成長而明顯，加上孕婦本身的體液與羊水，身體負擔相對增加。尤其站立時，這些因懷孕而增加的重量，都得倚賴骨盆腔與腰椎來承受，在在提高背痛的機會。少數孕婦可能因此出現椎間盤突出症（disc herniation）及神經根（nerve root）壓迫，症狀包括坐骨神經痛或下肢麻木無力。

　　夜間型疼痛（nocturnal pain）往往讓不少孕媽咪苦不堪言。只在夜裡發生的背痛，目前被認為是懷孕期間的靜脈循環較差所致。在睡覺、平躺時，支配脊椎神經叢的靜脈回流受到影響，或壓迫到下腔靜脈造成阻塞，而引起發炎反應。由於多為入睡後 1 ～ 2 小時發作，且無固定疼痛部位，孕婦常是睡到一半被痛醒。

73

正確姿勢，降低肌肉壓力

一般來說，孕媽咪肌肉與骨骼的不適，大多數人確實是因為懷孕後，特有的生理變化而產生，不過，臨床上仍碰過不少的個案，症狀是在媽咪懷孕以前就已經出現，只是隨著懷孕的影響而加重。無論如何，最好都應該設法改善，避免徒增孕期生活的困擾與不便。

懷孕期間，當胎兒愈長愈大，媽咪體重亦會向上成長，體態與身體重心也會逐漸改變。不少孕媽咪為「方便」起見，會改採相對而言較為舒適，卻不見得正確的姿勢。姿勢不良反倒使肌肉與骨骼的受力不平均，不適感恐怕更嚴重。

與其如此，不如即刻起開始執行預防措施。各位孕媽咪在躺、站、坐、臥時，務必保持正確的生理姿勢，以期減低腰部及背部的壓力。藉由調整不良或不恰當的生理姿勢，有助於舒緩肌肉的痠、疼、痛，甚至可以達到預防的效果，提高孕媽咪的生活品質。

孕媽咪不妨從日常生活去改變，如需要長時間站立或走路的話，就能使用托腹帶，來減輕背脊負擔。或嘗試調整以下幾項慣性姿勢或施力法，讓孕痛的影響降到最低：

■ 姿勢要轉換（如從躺、蹲、坐起身）的時候，最好能用雙
手輔助支撐，避免腰背直接施力

✕ 腰背施力，直接起身
背脊需承受身體所有重量，肌
肉骨骼很容易受傷

75

○ 雙手輔助，分散壓力
透過雙手支撐輔助，來分攤背
脊原本承受的壓力

■ 穿著襪子或鞋子時，應該要採坐姿。而且要盡量「將腿抬
　起來」，並非彎下腰去穿

彎腰穿鞋襪
彎腰使腰部韌帶瞬間受壓
迫，腰椎承受極大壓力

76

抬腳穿鞋襪
使用腿部與髖部的力氣，
來分散腰椎承受的壓力

■ 到了懷孕後期，建議準媽咪在睡覺時採向左側躺。習慣平
躺的準媽咪，則可以在膝下墊小枕頭

孕媽咪朝左側躺有助減少子
宮對靜脈的壓迫，促進心血
管的循環

77

柔軟操 4 招式，讓痠痛慢慢消失

痛到不行才想運動，效果恐怕會大打折扣。試著做看看以下柔軟操，不只孕期痠痛減少，還有助於生產喔！

第 1 招

建議重複次數：6 次

抬腿運動

功效

■ 促進下肢的靜脈血液回流與循環
■ 伸展並放鬆脊椎與臀部腿部肌肉

STEP 1 / 墊高雙腿

上背與頭頸稍墊高，採半坐臥姿於床或地板上。雙腿上抬，將小腿放於高處。
每次維持 3 ～ 5 分鐘，每天反覆數次

膝蓋位置略高於頭部

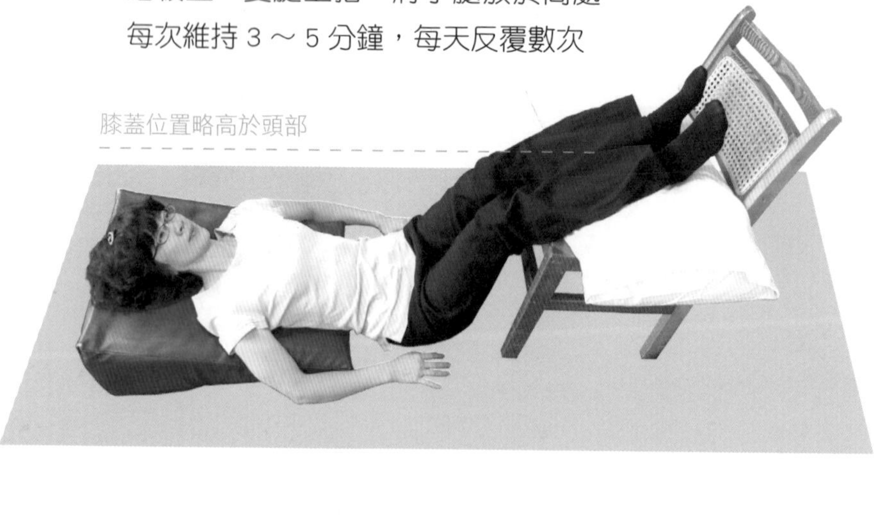

第2招

抱球紓壓

建議重複次數：20 次

功效

■ 放鬆背部肌肉，紓解腹部緊繃感
■ 減少因為宮縮而產生的腹部壓力

⚠ NOTICE 1
背部伸展、肩膀放
鬆（不聳肩）

⚠ NOTICE 2
腳背貼地，屁股坐
在腳跟（腳掌）上

STEP 1 / 準備姿勢

大腿併攏跪坐。雙手輕推彈力球，帶動上半身向前。臉部朝
下，拉開耳朵與肩膀的距離

STEP 2 / 放鬆背部

慢慢將空氣深吸入腹腔，使腹部凸出，再緩慢吐氣，盡量把
氣體排出，每分鐘進行 6 ～ 9 次

第3招

踮腳運動

功效

建議重複次數：15 次

■ 減少或舒緩懷孕期間的腰部痠痛
■ 強化會陰部彈性，有助順利生產

STEP **1** 準備姿勢

站姿。雙手扶住椅背
（椅子必須固定、不
滑動）。身體略向前
傾，使身體重量集中
於椅背

⚠ NOTICE
雙手盡量伸直、
腰背部挺直

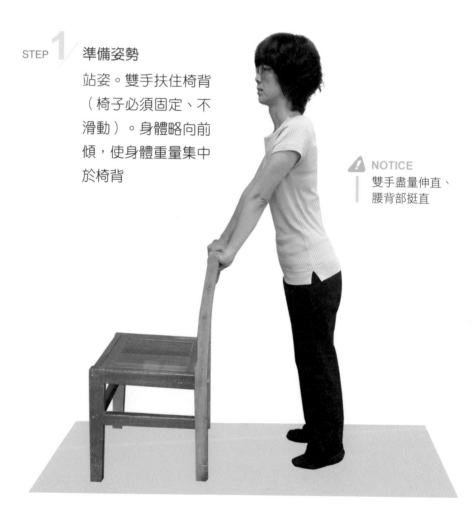

STEP 2 / **踮腳跟**

慢慢踮起腳尖、身體
上抬，約維持 10 秒。
再讓身體慢慢下降，
腳跟回到原處

⚠ NOTICE

過程中，雙腿保持
伸直。重心落在雙
手大於雙腳

第4招

盤腿運動

建議重複次數：1 次

功效

■ 鍛鍊鼠蹊肌肉及關節處韌帶張力
■ 防止孕期子宮壓力所產生的痙攣

⚠ NOTICE
過程中，保持背脊挺直（不駝背）

STEP **1** 準備姿勢

兩膝向兩側分開、左右腳底板相對盤坐。腰桿挺直、肩頸放鬆、雙手垂放兩腿或兩膝上

STEP **2** 鍛鍊鼠蹊

雙腳腳板朝身體方向靠近，兩膝盡量向下放，讓大腿內側有拉緊的感覺。每天一次，每次維持 5 ～ 30 分鐘

PART

3

產後篇

雕塑身材不是夢

　　成了新手媽咪後，首要目標當然是調整心態，自信面對未來。不過，在此同時還得下功夫讓體能與體態恢復，並預防某些病症的出現或延續。

3-1
產後瘦身 Easy GO！

　　生下小北鼻之後，新手媽咪不免擔心或抱怨自己的身材走樣、擁腫、肚皮鬆垮垮的……，由於期待盡早回到懷孕前好身材，往往想在第一時間就執行瘦身計畫，以為愈早動，就能愈早瘦。這個觀念可要馬上導正。

　　產後媽咪的首要任務，是給予身體足夠的休息時間，以順利調養懷孕階段、生產過程及哺乳期間的能量消耗。講白一點，寶寶的誕生，可算是從媽咪身上取下一塊肉，喪失的元氣是需要時間補足的。

哺乳是有助熱量消耗的瘦身幫手

「哺乳」是一種最簡易、方便的瘦身方式。透過哺乳（親餵效果較佳），能有效幫助產婦體內的熱量與水分消耗。《國際母乳餵養雜誌》（International Breastfeeding Journal）所發表的文章就曾提出，哺乳 1 天所消耗的熱量約 400 ～ 500 大卡，幾乎等於快走或慢跑 1 小時的熱量消耗。

在哺乳期，媽咪的飲食要均衡。千萬不要刻意節食，完整的營養是維持母乳分泌量與品質的要件。對幾乎僅靠母乳維生的寶寶來說，高品質且分量充足的母乳非常重要。

授乳媽咪要著重蛋白質攝取。像肉類（豬、雞、牛、魚），或蛋、奶類（乳酪、優格），或豆漿、豆腐等黃豆製品，都是蛋白質含量較豐的食物。以健康成人為例，每人每天的蛋白質建議量為每公斤（體重）1 公克，產後媽咪需額外增加 15 公克，如一位 50 公斤的產後媽咪，每日得攝取 65 公克才足夠。

另外，**少吃高鈉食物可避免鹽分攝取過量**，每人每天以不超過 2,400 毫克為標準。鈉離子含量太多，會讓體內水分難以排出，導致水腫。醃製品、煙燻食物、沾醬類、運動飲料、涼麵、泡麵、白土司等，哺乳期應盡量少碰。

哺乳媽咪的飲食建議

蛋白質食物多攝取（體重 kgX1g+15g）

維持母乳的分泌量與品質，寶寶營養加分！

高鈉食物少為妙（每日不超過 2,400mg）

媽咪易水腫，寶寶難代謝（腎臟負擔重）！

產後運動的適當時機與原則

產後塑（瘦）身計畫若搭配運動，效果更好。但千萬不能操之過急。每個人的恢復速度不同，產婦要斟酌身體狀況，若狀況特殊，最好先徵詢醫師。一般而言，會依照生產方式的不同，給予可開始從事運動的時間建議：**自然產的媽咪需待產後的 2～4 週，剖腹產的媽咪則延至產後的 4～6 週**。還要避免在哺乳前 30 分鐘運動，防止乳汁變酸，影響寶寶食欲。

此外，過於激烈的運動，不利身體修復，故**此階段運動尤重溫和、持之以恆**，應採少量（時間）多次的運動頻率。不必和其他人比賽，只要和自己比，每天進步一點點就好。畢竟，產後運動的目的不是要瘦成紙片人，而是期望透過運動來回復並維持身體的機能。

產後運動的服裝，與孕期運動相同，盡量選擇排汗效果佳的寬鬆衣褲，若到戶外運動，則要穿著舒適、透氣的運動鞋，並於**開始前把尿液排空**，以免因為憋尿而影響運動進行。過程中，**適時適量補充水分**，且別忘記要**配合深呼吸**。一旦出現**任何不舒服或惡露增加等異常症狀，切記不要逞強，務必馬上停止運動，並尋求醫師協助**。

產後運動7原則

2

動前把尿液排空

產後易頻尿，如果憋尿會影響或中斷運動進行

1

哺乳前 30 分不動

以免乳汁因為乳酸增加而變酸，影響寶寶的食欲

3

排汗透氣的穿搭

寬鬆且具有彈性的衣服散熱性佳，提升舒適感

4

適時補水防脫水

每 20 分鐘補充250ml 的水，多次少量零負擔

5

運動別忘深呼吸

運動過程不憋氣。保持自然的呼吸頻率

7

出現異常速停止

正視身體求救警訊，必要時刻尋求醫生的協助

6

少量多次的頻率

不逞強、不過度，選擇溫和運動，並持之以恆

室內運動6招式，享瘦輕鬆事

　　媽咪在產後，多半有一段居家（在家裡或去月子中心都算）照護的時間。因此特別設計以下幾個簡單運動，待在室內就能助回復身材一臂之力。

第1招

建議重複次數：30 次

腳尖點地

| 功效 | ■ 鍛練核心肌群，降低疼痛發生率
■ 緊實大腿的肌肉，防止產後鬆垮 |

NOTICE
過程中，骨盆維持穩定，背腰臀不上抬

STEP **1** 準備姿勢

平躺於床（或地）。雙腳彎曲、踮腳踩床。雙手擺放身體兩側

STEP **2** 腳尖點床

左小腿向上平抬，再慢慢放下、回到原處。接著換右小腿輪做。若動作流暢，可加快速度

第2招

建議重複次數：30 次

原地高踏步

功效
- 鍛練心肺耐力，提升媽咪體適能
- 強化雙腿力氣，緊實大腿的肌肉

⚠ NOTICE 1
過程中，雙眼直視前方、不駝背

⚠ NOTICE 2
一腳上抬時，另一腳膝蓋不彎曲

91

STEP 1 / 準備姿勢

雙腳微開站立。肩膀放鬆，背頸挺直。雙手垂放身體兩側

STEP 2 / 抬腿踏步

原地輕踏。大腿盡量抬高、手擺幅度盡量大，配合「吸吸－吐吐－」方式呼吸，並視體力加快踏步速度

第3招

建議重複次數：10 次

仰臥抬臀

功效

■ 改善臀部下垂，打造緊緻翹臀
■ 鍛鍊下背肌群，擺脫虎背熊腰

STEP **1** 準備姿勢

平躺於床上或地板。雙腳分立、與臀同寬，並彎曲踩床。頭頸部與腰部放鬆。雙手自然擺放於身體兩側

大腿、腹、胸部位，
約呈一直線

⚠ NOTICE
臀部上推高度以不感覺
頭頸壓迫為原則

STEP 2 夾臀上抬

臀部與大腿根部先出力夾緊，再以腿臀力氣，慢慢將臀部上
推。推至膝、臀、肩呈一直線後維持 5 秒，再慢慢回到原處

第4招

側抬腿擺動

功效

建議重複次數：15 次

■ 改善臀部下垂，打造緊緻翹臀
■ 鍛鍊大腿肌群，維持腿部線條

腳踝略高於肩

STEP 1 / 準備姿勢

側躺。雙手分別枕於耳下與置於胸前，維持上半身穩定、不晃動。下方腳微彎。上方腳打直，抬至腳踝略高於肩膀，並保持懸空

NOTICE
過程中，保持腰部放鬆
及上半身穩定

STEP 2 前後擺腿

將上方腳向前踢，再向後踢，以上動作連續做 15 次。接著，
換邊側躺，重複上述動作。踢腿速度適中偏慢，以動作流暢
為原則

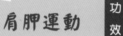

第5招

建議重複次數：15 次

肩胛運動

功效

■ 活化並鍛鍊肩胛肌肉，避免駝背
■ 擴胸運動幫助消除上背脂肪堆積

STEP **1**／ 準備姿勢

盤腿坐姿。肩頸放鬆，腰背挺直。雙手各拿一個啞鈴或裝水寶特瓶，向前伸直平舉（啞鈴或寶特瓶的重量視個人力氣決定）

⚠ **NOTICE**
手腕位置要盡量保
持與肩膀同高

STEP **2** 擴胸練習

雙手伸直（手肘不彎曲），慢慢地向兩側水平張開，感覺胸
部擴開或肩胛向內夾後即可停止，並維持 3 秒，再回到準備
姿勢

第6招

高舉過頭

建議重複次數：15 次

功效

■ 鍛鍊上臂肌肉群，強化該區肌力
■ 修飾手臂內側線條，擺脫蝴蝶袖

⚠ NOTICE
上臂與身體呈一直線，
手肘朝向天花板

STEP **1** / **準備姿勢**

盤腿坐姿。肩頸放鬆，腰背挺直，擴胸。右手拿啞鈴或裝水
寶特瓶，並彎曲使下臂自然垂放於後腦杓或上背。另一手輕
扶腳踝，輔助上半身平衡

⚠ NOTICE2
手臂要使力朝上伸直，不要往斜前方開 ✕

STEP 2 上臂訓練

以拿啞鈴手的上臂使力，帶動下臂慢慢地上舉，舉至手肘打直後再慢慢地垂下、放回原處。期間上臂應盡量不動。連續做 15 次後，換手輪做

3-2

乳腺炎報到，
哺乳之路拉警報!?

「寶寶喝母乳，可以說是好處多多。因為配方奶再怎麼強大，仍難以完全模擬母乳的成分，所以，母乳才是寶寶最棒的營養來源⋯⋯。」

聽著看著各方的說法與資訊，總在強調母乳的好，為了讓孩子贏在第一步，給懷胎十月的北鼻最營養的呵護，很多媽媽心甘情願「遵旨」，即便生產之後再累、再疲憊、再辛苦，硬著頭皮也要「竭盡所能」。只是，一旦力不從心，母乳供給出狀況，新手媽咪不免又慌了手腳。

順利哺乳的預備招式

隨著寶寶呱呱墜地、胎盤脫離母體，原本抑制母體乳汁分泌的賀爾蒙跟著消失，而使泌乳激素增加，刺激乳腺製造大量奶水，乳腺組織也會變得較大、較活躍。開始分泌乳汁的乳房，可是肩負重責大任。

不論是「親餵」母乳或「瓶餵」母乳的媽咪，最怕碰到的就是「ㄋㄟ ㄋㄟ 拉警報」，畢竟，母乳不僅是新生兒的食物供應站，也幾乎算是唯一的營養來源，一不小心「斷炊」了，真的是「代誌大條」了。擁有正確的知識和練習，才可以減少「斷炊」危機，和寶寶達成順暢的供需平衡。

當然，「寶寶不是天生下來就會喝奶」親餵媽咪必須引導寶寶用正確的方式含乳。哺乳時，以乳頭輕碰寶寶的上唇，讓寶寶自然而然地張嘴含乳（乳頭應在寶寶舌上），並呈現上下嘴唇外翻、幾乎蓋住整個乳暈的嘴型。

正確含乳，除了預防媽咪乳房（或乳頭）受傷，還能有效地協助奶水移出。寶寶「用餐完畢」之後，若沒有主動移開，媽咪千萬不能直接拉扯，而是要將小指靠近寶寶嘴角，解除真空狀態，寶寶嘴巴就會鬆開了。

　　為了幫助新手媽咪的哺乳之路走得更順利，以下特別歸納幾個哺乳的貼心小叮嚀：

■ **哺乳要及時與確實：**生產之後，要盡早開始哺（擠）乳的工作。同時，哺（擠）乳間隔盡量密集，每 2 ～ 3 小時就要進行 1 次，每天總次數約 8 ～ 12 次

■ **少吃富含飽和脂肪酸食物：**媽咪在哺餵階段，要控制富含飽和脂肪酸食物（如奶油、豬油或油炸類）的攝取，防止消化不良或乳汁過於濃稠難以排出

■ **配合寶寶食量，排出乳汁：**寶寶可能因生病、不專心、添加副食品而減少食量。在確定寶寶吃飽後，應將奶水適度排出，避免乳房過度腫脹而影響乳汁分泌

■ **將泌乳導向供需平衡：**哺（擠）乳進入穩定期（約產後第 2 個月），身體會調控乳汁分泌，讓移出量趨近分泌量。此時，不需再刻意密集擠乳，以免供需失衡，乳量爆炸

■ **按摩乳頭，疏通乳口**（如右圖）哺（擠）乳前以拇指與食指輕輕地按摩乳頭 2 分鐘，讓乳口保持暢通，亦將乳頭調整成適合哺餵的形狀

引導寶寶喝對ㄋㄟㄋㄟ

哺餵前
以乳頭輕碰寶寶的上唇，讓寶寶自然張嘴（將乳頭置於寶寶舌上）

哺餵時
讓寶寶呈現上、下嘴唇向外翻，幾乎蓋住整個乳暈的嘴型含乳吸吮

哺餵結束
媽咪用小指靠近寶寶嘴角，解除真空狀態，寶寶嘴巴就會鬆開乳頭

緩解脹奶痛、預防乳腺塞

然而，並不是每位媽咪都能在生產之後，順利地供應寶寶足量的母乳，過程難免會出現一些小插曲，打壞媽咪的哺乳計畫。例如，脹奶及乳腺阻塞的發生。

POINT 1 脹奶的痛，多數媽咪都會遇到

臨床案例中，多數產婦會歷經以下過程 「脹奶 → 擠不出奶 → 持續脹奶 → 疲憊、想睡 → 脹奶未退 → 變成石頭奶 → 繼續脹奶 → 乳房痛到想揍人」。幾乎無人可以倖免。

一般而言，媽咪約在產後第 3 天就會開始分泌初乳（剖腹產的媽咪大概會從第 5 天起），緊接而來的 2 ～ 3 天，乳汁分泌量會日漸增加，這將使乳房快速腫脹，出現脹奶現象。不過，並不代表腫得愈厲害，乳汁的量愈足夠。

脹奶時，媽咪還是得忍痛進行乳汁排出，最便利的方式就是勤於哺餵寶寶。倘若親餵有困難，也要想辦法將乳汁移出，以免影響後續泌乳的功能，或因乳汁淤積而引發「乳腺炎」。此時，千萬別急於補充泌乳飲品或發乳食物，免得雪上加霜——舊的不出，新的又來！

POINT2 解決乳腺阻塞,乳腺炎不報到

乳房腫脹過度或乳腺管阻塞等情況,經常發生在媽咪生產後的 1 ~ 2 個月內,尤其是生第一胎的新手媽咪。

因為新手媽咪的哺育經驗不足,要正確引導經驗值等於零的寶寶,困難度非常高。處於學習階段的母子(女)倆,一不小心就可能出錯,像是寶寶的含乳方式不正確、媽咪哺乳或擠乳的姿勢不對、延長排出乳汁的時間(如半夜忘記起床餵乳擠乳)、沒有充分將乳汁排出、內衣太緊等,都會導致乳汁因脂肪結塊,而積於乳腺中,造成「乳腺管阻塞」。

乳腺管阻塞經常會先發生在其中一條乳腺上,因而產生局部的脹痛,之後再逐步擴散並影響到整個乳房。如果沒能及時獲得解決與治療,就可能引發「乳腺炎」。

媽咪想要遏止「乳腺管阻塞」繼續惡化,除了求助專業醫生,還有一個最佳方法,那就是「一感覺腫脹就擠」,增加哺餵(或擠乳)的頻率,盡可能排出乳汁。

又腫又脹又痛，乳腺炎真難受

對於正在哺乳的媽咪而言，又腫又脹又痛的乳腺炎，根本就是一場可怕的噩夢，不只媽咪的身體不舒服，寶寶的食物來源也會連帶受到影響。那麼，到底什麼是乳腺炎？又該如何預防與解決呢？

POINT 1 發生乳腺炎的 3 大因素

哺乳媽咪的哺乳之路，若是遇上乳腺炎（mastitis），肯定會變得崎嶇又坎坷。乳腺炎的發生，大概可歸咎以下原因：

1 細菌增生
由於未能及時處理乳腺奶水淤積，而引發組織受創或細菌增生

2 舊傷未處理
乳頭傷口，乳腺管阻塞未處理，以致寶寶無法有效含乳、吸乳

3 擠乳間隔長
習慣瓶餵而拉長擠乳間隔，或因疼痛而刻意減少擠餵乳的次數

不論任何因素，一旦媽咪的乳汁持續淤積於乳腺中，未能及時且有效排出，就可能造成乳房組織發炎，在醫學上稱為「非感染性乳腺炎（阻塞性乳腺炎）」，要是乳房有受到細菌感染，則稱為「感染性乳腺炎」。

罹患乳腺炎常有的症狀，包括：乳房局部有硬塊、乳房異常疼痛、乳房皮膚發紅等，有的媽咪甚至會出現發燒、肌肉痠痛、無力、發冷、疲憊感。

POINT 2　避免乳腺炎的最佳方法：排出乳汁

減少「乳汁淤積」的機會，可以有效降低乳腺炎的發生率。由於寶寶的食量，大多小於媽媽分泌的乳汁量，因此，建議在寶寶吃飽後，將乳房內剩餘的乳汁移（擠）出。

臨床上，曾經聽過一些媽咪分享，她們會藉由補充「卵磷脂」，來預防乳腺管的阻塞。卵磷脂能增加母乳中的非飽和脂肪酸比例，降低母乳濃稠度，進而預防乳腺阻塞或出現硬塊。不過，這個方法僅對某些個案有效，並非人人適用。

避免乳腺炎的最根本原則，還是要定時地餵（擠）乳，好盡量將乳腺管中的乳汁排乾淨。

POINT3 乳腺炎報到，媽咪還能哺乳嗎？

目前並無相關證據顯示「罹患乳腺炎期間持續哺乳，會增加寶寶的健康風險」。因此，當乳腺炎發生時，媽咪仍然可以安心、持續地執行餵乳，這並不會增加寶寶的感染機會。若媽咪不想用發炎側直接哺乳，也務必要忍痛把奶水擠出，才能改善發炎症狀，以維持未發炎側的乳汁持續分泌。

媽咪可試著從無感染側的乳房開始哺餵（或擠乳），等奶水開始流出，再換到阻塞或感染的那側，如此一來，奶水也比較容易被吸（擠）出來。另外，時常變換哺餵姿勢，也有助排出乳房中不同部位的奶水。

POINT4 乳腺炎的治療

根據統計，乳腺炎發生率約2%，其中有9成出現在產後1～2個月，且多屬局部乳腺管阻塞的非感染性乳腺炎。只要定期按摩、推揉，讓乳汁順利排出，便能緩解。

不過，伴隨發燒、乳房有硬塊或疼痛腫脹，應盡速就醫。醫療上常以口服抗生素、退燒藥治療，約7天可痊癒。如果服藥超過2天，症狀未明顯改善，就得留意是否有膿瘍形成。

3-3

媽咪難言之隱：
產後尿失禁

懷孕期間，寶寶的體重與體型逐日增加，以致子宮擴大、下垂，進而壓迫到膀胱。若再加上自然產時，胎兒經過產道，骨盆底肌和韌帶為此受到拉扯而受傷，導致骨盆底肌產後無法發揮正常收縮功能、鬆弛無力，因而發生媽咪最難以啟齒的症狀 ──「產後尿失禁」。

　　不過，這並不代表剖腹產的媽咪，就能完全避免這種狀況。產後尿失禁的治療與改善，是每一位媽咪都應該注意的事。

產後尿失禁的成因與症狀

懷胎十月是一段很辛苦的過程，要是沒有親身經歷過，根本很難體會有多累人，好不容易熬了過來、順利生下北鼻，往往會有更多接踵而至的困擾等著。

撇開「照顧新生兒」的手忙腳亂不說，光是媽咪本身的症狀就數也數不完了，又以生理問題占多數，像是肩頸與腰背的痠痛、手部水腫或疼痛、媽媽手纏身，還有其他部位的肌肉骨骼相關疾病，其中有種病症，最讓媽咪感到尷尬、難以啟齒，那就是 「產後尿失禁」。

罹患尿失禁的婦女，大概都因為「無法運用意識來控制尿液，而出現不自主漏出的現象」而困擾。雖算不上極度嚴重的病，卻會嚴重擾亂日常生活、增加心理壓力，或導致夫妻間的親密關係變質，甚至促使產後憂鬱症的發生。

此外，由於會陰部常處於潮溼狀態，很容易衍生出泌尿道感染、皮膚發炎等其他病症。唯有尋求婦科醫師協助、盡早治療，並搭配防漏運動，才能幫助產後媽咪改善症狀，找回自信與優質生活。

「明明剛上過廁所，卻像故障的水龍頭 —— 滴滴答答，身邊的人會不會聞到尿騷味？出門都要包尿布了嗎？」……

根據統計，自然產的次數較多，或年齡較高的產婦，發生產後尿失禁的機率，相對提高。另外，曾經有過產後尿失禁經驗的媽咪，也特別容易在年紀增長後復發。產後尿失禁的可能症狀很多，大致上有以下幾種：

1
在咳嗽、大笑或打噴嚏時，尿液不自主地流出

3
頻尿，或解尿不順利而有滴滴答答的狀況

2
無法自我控制，而使尿液在不經意間流出

4
在彎腰抱寶寶或在抬（提）起重物時漏尿

5
從事運動（如走路、上下樓梯、慢跑）時漏尿

113

緊實骨盆底肌的防漏 3 訓練

　　從事以下運動，要集中精神想像「想上廁所，卻找不到廁所，只好憋著」的方式出力。每天練習次數不限，但每次 5 ～ 10 分鐘即可（3 動作合計），避免肌肉過勞，效果不佳。

第 1 招

夾臀提肛 A （初階入門版）	功效	■ 鍛練骨盆底肌，使其緊實有彈性 ■ 修復生產傷害，改善尿失禁症狀

⚠ NOTICE
坐著或站著時，也能做這個練習

STEP 1　準備姿勢
平躺，膝蓋微開，雙腳（與臀同寬）分立踩床。腰部放鬆

STEP 2　提肛運動
骨盆底肌收緊、提肛（夾肛門，感覺在憋尿），維持 10 秒，再慢慢放鬆

第2招

夾臀提肛 B
（夾球加強版）

功效
- 鍛練骨盆底肌，使其緊實有彈性
- 修復生產傷害，改善尿失禁症狀

⚠ NOTICE
腹部肌肉應保持放鬆，且勿憋氣

115

STEP 1 / 準備姿勢

平躺，雙腳分立（與臀同寬）踩床。雙膝輕夾小球（或毛巾）。腰部放鬆。雙手放身體兩側

STEP 2 / 夾球與提肛

骨盆底肌收緊、提肛後，雙膝夾緊小球，維持 5 秒，膝蓋放鬆，但持續提肛

STEP 3 / 加強訓練

最後，雙膝再一次把小球夾緊，並在維持 5 秒之後，骨盆底肌與膝蓋一起放鬆

3

產後篇——雕塑身材不是夢

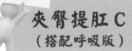

第3招

夾臀提肛 C
（搭配呼吸版）

功效

- 鍛練骨盆底肌，使其緊實有彈性
- 修復生產傷害，改善尿失禁症狀

STEP **1** 準備姿勢

平躺，膝蓋微開，雙腳（與臀同寬）分立踩床。腰部放鬆，保持自然曲線、不出力。雙手放身體兩側

⚠ NOTICE
坐在椅子上也能做
這個練習

STEP **2** **練習胸式呼吸法**

鼻吸，讓氣進入胸腔，使胸部膨脹（腹部維持平坦）。嘴吐，
氣排出，胸部下沉。雙手分別置於胸腹，感受其起伏

STEP **3** **加強訓練**

一邊進行胸式呼吸法，一邊將骨盆底肌收緊、提肛（夾肛門，
感覺在憋尿）。每提肛 10 秒，就要放鬆休息 1 次

3-4
手部痠麻疼，
產前產後都會有

　　初為人母，是一件既興奮又期待，卻又異常辛苦的事。半數以上的孕媽咪，不只在將近十個月的等待（懷胎）過程，會遭遇各種不同程度的疼痛，為了迎合腹中北鼻的成長，身體姿勢也會產生很大的轉變。

　　生產之後，更會因為哺乳、育兒引發許多生心理的不適，手部疼痛就是其中之一。偏偏手的使用頻率極高，長時間的疼痛恐怕會造成日常生活的不方便，甚至連帶影響心情，就代誌更大條囉！

孕期與產後的手部疼痛類型

難道當了媽媽之後，就一定要有『媽媽手』嗎？

我的手指痛到無力，想抱抱寶寶卻力不從心啊！

不只做事時痛到流淚，晚上也常常因此睡不好！

　　媽咪在孕期或產後的手部痠痛、麻木、肌肉無力等症狀，最主要是因為懷孕期間，黃體與絨毛膜分泌大量的弛緩素，致使體內關節、韌帶等結締組織鬆弛，或因內分泌改變，導致水腫現象。像有些孕媽咪常感到手指痠麻、不靈活，便是由於水份儲留體內，引起手腕局部的腫脹。且大約從懷孕第 10 週之後，就會變得顯著。

　　另外，如果手腕局部疼痛，並非水腫引起，很可能是肇因於以下兩種媽咪常見的症候群 —— 「腕隧道症候群」（Carpal tunnel syndrome）與「狄魁文氏症候群」（De Quervain's tenosynovitis）。不論是懷孕階段或生產之後，媽咪的罹病機率都很高。

POINT *1* 產後，更要當心的狄魁文氏症候群

「狄魁文氏症候群」還有個讓大家熟悉的名稱，就是「媽媽手」。雖名為媽媽手，但並不代表這是媽媽專利，舉凡手部需經常性重複相同動作的人，都可能罹患此病，其中又好發於懷孕後期或生產後的女性。

「狄魁文氏症候群」主要是起因於伸拇指短肌（Extensor pollicis brevis）及外展拇長肌（Abductor pollicis longus）的發炎。簡單來說，就是大拇指根部、靠近手腕位置的肌腱發炎，典型症狀為手腕或大拇指橈側的腫脹與疼痛，嚴重的話，可能還會痛到無法施力。

媽咪可以透過簡單的測試，判斷自己有無媽媽手。先將下手臂置於桌上支撐，腕部以下保持懸空，並以四指包住大拇指後握拳側壓（如圖所示），若此時大拇指出現痠痛，就可能是罹患媽媽手了。

121

若媽咪罹患「狄魁文氏症候群」，可能會在握拳側壓時，大拇指根部出現痠疼的現象

新手媽媽罹患狄魁文氏症候群（媽媽手）比例很高，這與照顧嬰兒，姿勢不當或施力過度相關。例如，抱寶寶時，僅以大拇指和虎口來支撐寶寶的重量（應要五指併攏，平均施力較佳）；或換尿布時，為了加快速度而習慣用單手抓住寶寶雙腳腳踝向上，讓屁屁離開床面，並同時以另一手更換尿布（應將寶寶大腿朝他身體方向推，使臀部略抬高，並抽離舊尿布，再以雙手更換新尿布）；或哺餵母乳的媽咪，反覆擠壓乳房動作等，都可能是造成肌腱與周圍組織過度負擔的元凶。

POINT 2 愈夜愈痛的腕隧道症候群

「腕隧道症候群」是指正中神經在手腕部受到壓迫。主要症狀為手掌面麻木、疼痛，尤其會在夜間加劇，通常左右兩手會一起出現不適。特別是在持續從事某些動作（如使用電腦鍵盤或滑鼠、拿電話筒）後或天氣比較冷的時候，不舒服的感覺會更加嚴重。

腕隧道症候群好發於懷孕後的第 2 ～ 3 個月期間，而且愈接近懷孕後期，麻木與疼痛就愈明顯。透過一個簡單的測試（參考右頁的附圖與說明），媽咪就可以自行判斷：手部痠麻感是否為「腕隧道症候群」所導致。

123

將雙手抬高於胸前，並將左右手的手背靠攏（手指盡量放鬆、不出力）。此動作維持約 10 秒，感受大拇指、食指、中指等前三個指頭，有無出現麻木現象。若有，則為神經壓迫造成的手部不適

杜絕手痛的 3 種治療與 5 個好習慣

生活中，手部運用到的比例很高，手一旦痛起來，往往會對日常產生偌大的不便與影響。有不少媽咪因為不能馬上卸下照顧小孩、做家事等責任，對於手部的不適刻意地忍耐或乾脆忽略不管，以致症狀反覆地發作，要是演變成慢性發炎，病情恐怕更難以收拾。

一般而言，「腕隧道症候群」與「狄魁文氏症候群」的主要治療方式大致有三種。醫師或物理治療師會依據個案狀況評估，給予最恰當的協助與治療。不過，還要搭配修正手部的使力方式、養成良好的姿勢與習慣、持續地進行手部運動等，多管齊下，才能從根本調理起。

POINT 1 運動治療：改善柔軟度、強化肌耐力

進行手部的運動（如手指與腕部的伸展等），可以有效強化整個手部。因此，非常建議手部有疼痛或痠麻現象的媽咪，可以透過運動治療來加強肌力、伸展神經，同時也能達到促進循環、緩解手部疼痛的效果（詳見 P. 129 ～ 132）。

POINT 2 儀器治療:緩解手部的疼痛與腫脹

儀器治療包括熱敷、超音波、電療等三種方式。藉由定期且持續的治療,可緩解手部及腕部肌肉組織的緊繃程度、使之維持柔軟度,並促進循環、進行修復,對疼痛痠麻等現象的改善,具有正面作用。

1 熱敷
緩解肌肉的緊繃,同時維持其柔軟度

2 超音波
局部深層熱療,協助組織修復與循環

3 電療
減輕手部疼痛感,並改善痠麻的現象

POINT 3 輔具與貼紮治療:提供患部支撐與保護

另外,醫師或物理治療師會針對個案的狀況,進行專業評估,適時應用「貼紮」來達到治療與保護的雙重目的。貼紮治療不僅能協助肌肉的收縮、促進循環,還能降低使力時所承受的負擔,對降低疼痛存在實質功效。

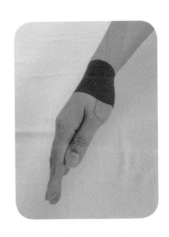

貼紮屬於非侵入性的方式,且能在治療的同時,達到保護作用

臨床治療上，會建議狄魁文氏症候群（媽媽手）患者使用
副木 註1 或護具 註2，將拇指固定在稍微外展伸張的姿勢，或搭
配藥物治療（外用或口服），來緩解疼痛帶來的不適。

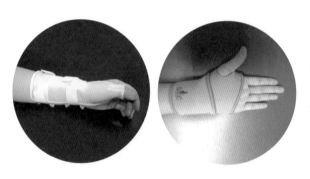

在治療媽媽手上，會以副
木（左圖）或護具（右圖）
將大拇指固定在稍微外展
伸張的位置

腕隧道症候群的患者，則建議在夜間使用副木或護具，讓
手腕部盡量固定在中立或稍微背曲的姿勢，減緩並改善疼痛感。

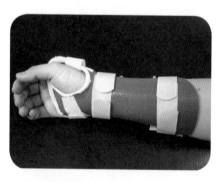
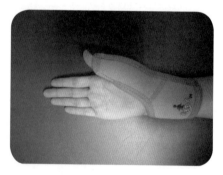

於夜間使用副木（左圖）或護具（右圖）固定治療，能有效舒緩腕隧道症候群造
成的不適

1　利用具熱塑性的塑膠材料，經熱水（約60°C）加熱處理，用來限制、支撐、固定
　　身體某部位的輔具，亦具穿戴方便的特性

2　護具可於平時日常生活中穿戴使用，建議穿戴2小時，就要休息30分鐘

　　積極尋求專業的醫療協助（復健科物理治療師），對症下藥，或進行相關治療很重要，不過，媽咪也應該檢視原有的生活模式，同步調整壞習慣或不良姿勢，效果更好：

■ 睡覺時，可以在手掌與手腕下方墊個小枕頭（或折疊的小毛巾），降低夜間發病機率

■ 抱寶寶的時候，要盡量併攏指頭，讓五指能平均分擔重量，減少大拇指的負擔

■ 重複某個動作之後，要進行手腕運動（參考 P. 129~132），避免手手部肌肉緊繃的現象

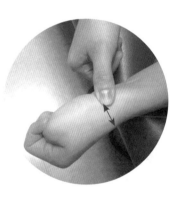

■ 當手指出現針扎般的痛麻時，可輕輕地以指腹按摩大拇指根部肌腱處，約 5 分鐘（參考右圖）

■ 減少使用電腦的時間。若無法完完全全避免，可用「鍵盤腕脫」以減輕對手腕神經的壓迫

若需長期使用滑鼠或鍵盤，可用鍵盤腕脫或小毛巾墊高手腕，降低腕部壓力

媽咪的手為什麼痠麻痛？

	腕隧道症候群	狄魁文氏症候群（俗稱媽媽手）
症狀檢測	雙手抬於胸前，將手背相貼10秒後，大拇指、食指、中指有麻木感	以四指包住大拇指，握拳側壓時，大拇指根部感到痠痛
成因	腕部的正中神經受到較為嚴重的壓迫	大拇指根部、靠近手腕位置的肌腱發炎
好發階段	懷孕2～3個月至後期。夜間與天氣變冷尤其容易發作	懷孕後期或產後。尤其是姿勢不當或施力過度的新手媽媽
治療方式	儀器治療、運動治療、貼紮與輔具（副木、護具）治療	儀器治療、運動治療、貼紮與輔具（副木、護具）治療
備註	屬暫時性疼痛，多半在產後能逐漸改善。多活動手指，可以促進循環，減緩水腫	注意使力方式與姿勢，避免病情加重

居家運動治療，強化手部肌力

有手部疼痛或痠麻現象的媽咪，可透過運動加強肌力、伸展神經、並促進循環，對緩解手部疼痛，效果很好。

第1招　　　　　　　　　　　　　　建議重複次數：20次

腕部伸展　功效　■ 鍛鍊手部肌肉，強化腕部的力量
　　　　　　　　　　■ 滑動並活絡神經，預防手部疼痛

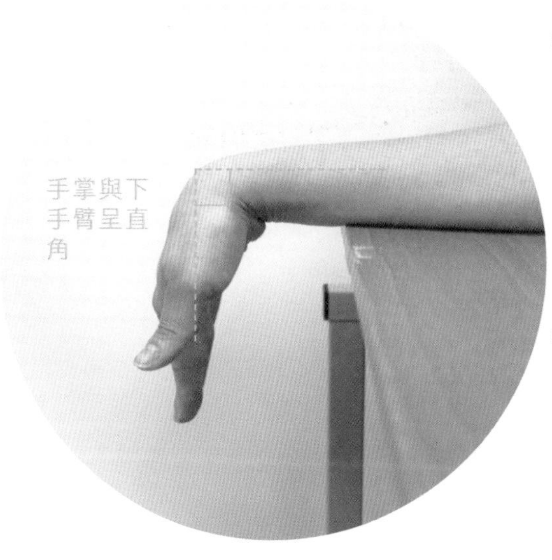

手掌與下手臂呈直角

STEP 1　**準備姿勢**
下臂平放桌面，手掌及手腕懸空，掌心向下，手指伸直向前

STEP 2　**指尖向下**
手掌下放，讓指尖指向地板。期間手指伸直，停留 10 秒，回到準備姿勢

129

手掌與下手臂
呈直角

STEP **3** / 指尖向上

手掌上抬，讓指尖指向天花板。期間手指伸直，停留 10 秒，
回到準備姿勢，並換手輪做 step 1、2、3

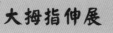

第2招

大拇指伸展　功效

建議重複次數：20 次

■ 鍛鍊手部肌肉，強化手指的力量
■ 滑動並活絡神經，預防手部疼痛

⚠ NOTICE
手掌位置要以不壓
迫手腕為原則

STEP 1 **準備姿勢**
下手臂與手腕皆需支撐於桌面上，大拇指以外的四指盡量併攏伸直。手掌上抬，讓指尖朝斜前方

STEP 2 **拉開大拇指**
利用另一隻手做輔助，將大拇指朝手背的方向拉開，維持10秒後放鬆，並換手輪做

第3招

建議重複次數：20 次

強化肌力

功效

- 鍛鍊手部肌肉，強化指腕的力量
- 預防手部疼痛

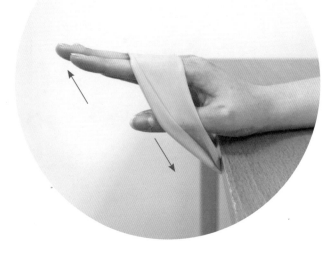

STEP **1** 準備姿勢

下臂與腕部皆置於桌上（僅手指懸空）。將手指伸直，並將橡皮筋（或彈力帶）繞綁在五根指頭上

STEP **2** 撐開橡皮筋

利用手指的力量，將橡皮筋（或彈力帶）朝四周撐開，感覺緊繃後維持 5 秒，再放鬆休息

邁向 3H 的優質生活

　　3H 指的是健康（Health）、愉
快（Happy）、和諧（Harmony）兼
具的生活品質，想要達成這個終極
目標，除了身體保健要做好，還要
充實心理層面。

4-1

自信俏媽咪的
養成守則

懷孕生產應該是一件令人欣喜的事，不過，卻有不少的媽咪會因此陷入低潮，甚至出現產後憂鬱症，其中還不乏原本開朗正向的樂天派。畢竟，一方面需承擔起初為人母的壓力，另一方面還得面對身材走樣的悲哀。

關於恢復體態，總是讓媽咪感到最洩氣，自然也強烈攻擊自信心。其實，透過一些簡單的運動和按摩，就能進行雕塑，讓胸腹臀的線條盡早歸位囉！

凍齡作戰第一步：相信自己沒問題

整天忙著照顧寶寶，都變成蓬頭垢面的黃臉婆了！

唉！怎麼卸貨這麼久了，肚子還像懷胎六個月啊！

糟糕！屁股變這麼大，以前的衣服都穿不下了啦！

全身上下都肥肥軟軟的，已經好久不敢照鏡子了。

胖手臂加上垂胸部，天氣再熱都只能穿外套遮醜！

136

　　卸完貨的媽咪，在歷經一場懷胎十月的抗戰後，因為體態走樣、不如以往，而煩惱、不安，對自信無疑也是可怕的打擊與考驗，但持續自怨自艾只會讓心情愈來愈 down，搞不好會有產後憂鬱的情況。

想要回到那個最美的狀態，媽咪最好馬上停止自我嫌棄，讓想法導向正面，用正能量來對抗那根隨時可能壓垮自己的稻草。如此才能用實際行動，幫自己找回自信。

懷孕過程，養胎是孕媽咪的首要目標，不過，正所謂「一人吃，兩人補」，媽咪長肉機率也非常高。當孕媽咪的體重與胎兒的重量一起攀升，會使媽咪上半身負擔加大，除了生理姿勢外，骨盆底肌群、腹部肌肉（**過度拉扯**）、體內循環（**引發水腫**）、心肺功能、全身肌耐力等，都會出現改變。

以上連帶影響媽咪最最在意的外表與體態，像是導致某些身體部位的鬆垮、下垂、變形等，而且會延續到生產之後。產後，只有極少數的媽咪，隨著時間過去，就能自動回復到與孕前差不多的狀態，但大多數的媽咪，還是得下點功夫，透過姿勢調整與運動來輔助。

像是孕媽咪的上半身，為了因應孕期身體重心的變化，會有肩膀變寬、向前傾的狀況。這時，就得從姿勢調整起 挺直腰部（**帶動胸挺**），同時讓肩膀向後開，並向下稍稍用力，頭頸部要直立，彷彿有一條線將頭頂往天花板方向拉高。以上簡單訓練，不論在坐姿或站姿，都可以進行。最重要的是，隨時提醒自己，並盡量維持，讓身體重新學習正確姿勢，讓全身肌群重新回到工作的崗位。

137

促進剖腹產傷口修復的按摩

一般而言，以自然生產的方式與剖腹產相比，修復上容易許多，不論是在體能的恢復，或是傷口的照護，都相對簡單輕鬆。相反的，剖腹產的媽咪不僅需要較長的復原期，還要格外留意其他事項，像是肺部功能、傷口疼痛、體內循環、疤痕沾黏等術後相關症狀。

剖腹生產的媽咪，可以加強雙腳腳踝與下肢的運動，藉以改善體內的循環，減少因為擔心傷口疼痛而不敢咳嗽，導致肺部功能受到影響。除此之外，利用「哈氣咳嗽技巧（Huff coughing）」來清潔肺部，可以避免咳嗽拉扯傷口而引發疼痛或不適。配合張開嘴巴的快速吐氣方式，或以枕頭先按壓傷口再咳嗽等，也有同樣效果。

哈氣咳嗽
2 步驟

1
張大嘴巴
深吸口氣

用嘴巴吸氣，並將氣吸進肚子裡（胸腔放鬆）

2
收縮腹部
將氣哈出

盡量以嘴將氣哈出（發出「ㄏㄚˋ」聲輔助）

剖腹生產的傷口很深，表皮的傷口在手術後 1 週（約 5 〜 7 日）內就會癒合，但是，完全癒合的時間約莫要經過 4 〜 6 週。這段期間，不只應該定期回診、檢查傷口，自我照護也相當的重要。媽咪尤其要注意沾黏的問題。以下針對傷口癒合程度所設計，利用手指交錯擠壓疤痕的按摩方式，可以避免傷口周遭的皮膚沾黏

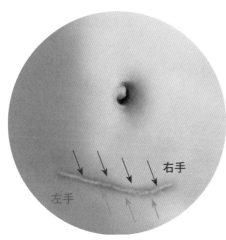

傷口尚未癒合
雙手分別置於疤痕上下，
以手指朝疤痕交錯互推。
每處約維持 5 秒後放開，
每次按摩約進行 5 分鐘。

139

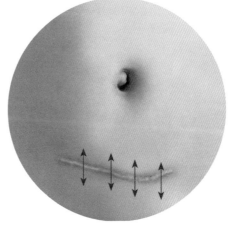

傷口已經癒合
先將手指深壓於疤痕處，
再以垂直方向來回按摩。
每處約維持 5 秒後放開，
每次按摩約進行 5 分鐘。

找回胸腹臀線條的 6 招式

　　每位產後媽咪，都希望可以盡速「回到過去」，找回孕前凹凸有緻的身材，尤其是胸型、腹部、臀部等線條的雕塑。以下幾招正是為了拯救胸腹臀線條而設計的運動。

140

第 1 招

建議重複次數：10 次

拯救胸型 A

功效

■ 調整姿勢，有助胸部曲線的雕塑
■ 伸展胸部肌肉，鍛鍊肩胛的肌群

⚠ NOTICE
過程中，應保持肩膀放鬆、雙手伸直

STEP 1 準備姿勢

坐姿。盡可能坐正，使腰背挺直，並放鬆肩頸（不聳肩或向前傾）

STEP 2 上肢運動

雙手伸直，朝身體兩側平抬。利用手臂力量，慢慢地向前向後各繞 10 圈後休息

第2招

建議重複次數：10 次

拯救胸型 B

功效

- 調整姿勢，有助胸部曲線的雕塑
- 伸展胸部肌肉，鍛鍊肩胛的肌群

⚠ NOTICE

上臂與手肘盡量向後張
開，協助擴胸

STEP 1 / **準備姿勢**

坐姿。腰背挺直，肩頸放鬆（不聳肩）。雙手彎曲，手掌抱
頭，胸部向前伸展，並維持 5 秒

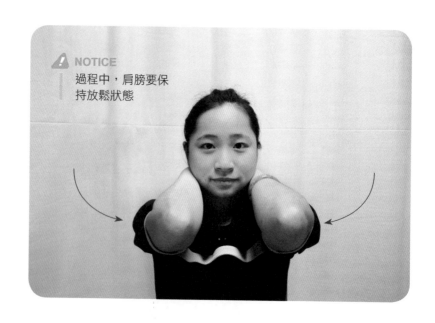

⚠ NOTICE
過程中，肩膀要保
持放鬆狀態

STEP **2** | **上肢運動**

手掌仍置於頭後方，但雙手上臂向身體前方夾緊（手肘幾乎
要碰在一起），維持 5 秒後放鬆

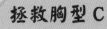

第3招

建議重複次數：10 次

拯救胸型C ｜ 功效 ■ 改善組織液回流，減少液體堆積

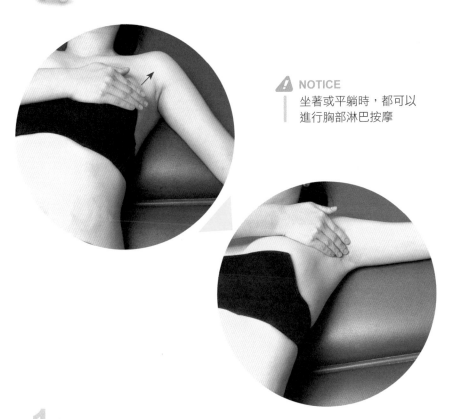

⚠ NOTICE
坐著或平躺時，都可以
進行胸部淋巴按摩

STEP 1／ 淋巴引流按摩
利用手掌與手指，沿著胸部周圍，慢慢地往腋下滑動，並於
腋下處稍微按壓

第4招

拯救腹臀 A

| 功效 |

■ 緊實腹部與臀部，調整身體重心
■ 鍛鍊核心肌群與骨盆底肌群力量

建議重複次數：10次

144

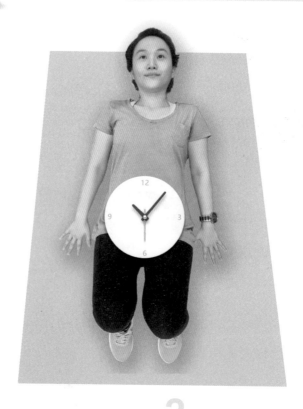

STEP **1** 準備動作
平躺踩床。想像下腹擺放時鐘，12與6分別指向頭與雙腳，左右骨盆則在3與9的位置

STEP **2** 呼吸練習
練習並習慣腹式呼吸法 —— 鼻子吸氣、嘴巴吐氣。吐氣時，慢慢地將背部平貼於床面

⚠ NOTICE 1
保持正常呼吸頻率（閉氣
會增加骨盆底肌壓力，且
影響血壓）

⚠ NOTICE 2
臀部不需抬太高，但要能
維持住

STEP 3 　基本抬臀
臀部慢慢抬離床面。從尾
椎往上捲，停留 5 秒後，
臀部放回起始位置

STEP 4 　進階抬臀
臀部慢慢抬離床面。接著，
將臀部往 3 與 9 點鐘方向左
右橫移 5 回後，臀部放回起
始位置

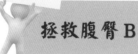

第5招

拯救腹臀B

功效

建議重複次數：10 次

■ 緊實臀部與腿部，改善下肢水腫

⚠ NOTICE1
上方腳彎曲或伸直
都無妨，重點是要
以大腿施力

⚠ NOTICE2
腿部往身體側面抬高，身
體不往前或往後倒

STEP 1 / 側臥抬腿

側身平躺，下方腳彎曲，讓身體保持穩定。接著，上方腳利
用大腿力氣，慢慢地抬高，並維持 5 秒。重複 10 次後，換
邊輪做

第6招

建議重複次數：10 次

拯救腹部

功效

■ 改善組織液回流，減少液體堆積

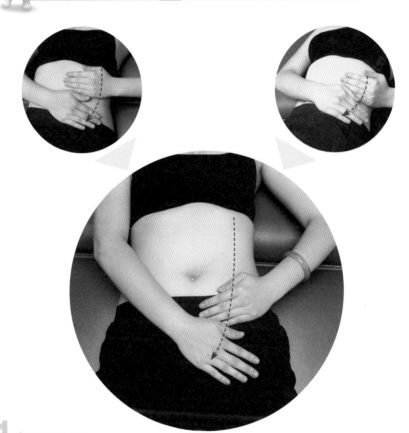

STEP 1 / 引流按摩

平躺。利用雙掌，沿著腹部前方或側腰處，慢慢地往鼠蹊部
滑動。在鼠蹊部可稍微按壓數次，再回到腹部，從頭開始

4-2

拒絕沉默殺手：
骨質疏鬆症

　　正常的骨骼與疏鬆的骨骼相比，外觀並不具有明顯的差異，這大概也是骨質疏鬆症不易於早期就察覺的原因。骨質疏鬆症就好比是一位「沉默殺手」，長期使用無聲無息的方式，一點一滴地吞噬人的骨本，等待患者發覺時，往往已經造成嚴重傷害或出現不便了。其中，女性罹患骨質疏鬆症的比率遠遠高於男性。因此，媽咪們應該即刻正視，以免未來生活品質受到影響。

骨質疏鬆症的來臨無聲無息

隨著社會邁向高齡化，骨質疏鬆症儼然成為全球戒慎恐懼的疾病，這是人人都應該即刻重視的課題，而非等到出現症狀或年紀大了才來關心。

骨質疏鬆的過程「無聲無息」，因此難以在第一時間就被診斷出來，等出現症狀，情況多半已經很嚴重。惡化後，併發的各部位骨折往往棘手，甚至會危及性命。

依據世界衛生組織（World Health Organization，簡寫為WHO）所提出的定義，骨質疏鬆症（Osteoporosis）屬於一種全身性的骨骼疾病。其特徵包括骨質的含量減少、骨骼組織的結構變差，因此造成骨骼脆弱的現象，導致背部痠痛、駝背、身高變矮等，而容易破碎、斷裂的骨骼特性，同時也大大增加骨折的風險。

醫學上，簡單把骨質疏鬆症分為「原發型骨質疏鬆症」和「續發型骨質疏鬆症」。原發型骨質疏鬆症多為人體的自然老化現象，可再依好發時間區分為「停經後骨質疏鬆症」和「老年性骨質疏鬆症」兩種。續發型骨質疏鬆症則多為其他疾病或藥物治療而引發。

「**停經後骨質疏鬆症**」（即第一型骨質疏鬆症）好發於更年期後，尤其是已經進入停經階段的女性。這是因為停經以後，體內的雌性素含量急遽減少，無法有效抑制破骨細胞（Osteoclast，又稱蝕骨細胞）的作用，使其活性增強，進而削弱骨骼的強度、加速骨質的流失。根據統計顯示，女性在停經之後的五年期間，骨質流失的速度最快，估計約會失去骨骼中將近三分之一的鈣質含量。

「**老年性骨質疏鬆症**」（即第二型骨質疏鬆症）常見於七十歲以上的長者，其中又以女性患者占大多數，發生率約達男性的兩倍之多。隨著年紀的增長，不僅受到造骨細胞功能衰退、骨骼品質變差的影響，鈣質、維生素 D 等營養攝取量不足，或腸道的吸收能力變差等，都可能是導致骨骼合成減少，發生骨質疏鬆的主要因素。

「**續發型骨質疏鬆症**」發生的因素很多，主要為內分泌或新陳代謝相關疾病或相關藥物治療所引起，例如，甲狀腺功能亢進、肝腎臟的疾病、性腺機能低下、類風溼性關節炎、庫欣氏症候群（Cushing's syndrome）或腸道吸收功能障礙等。另外，長期服用類固醇類藥物、抽菸、酗酒、缺乏運動、營養不均衡、日晒不足（容易缺乏維生素 D）、長期臥床等，都可能造成骨質流失或不易留存。

151

保養靠日常：飲食日晒小兵立大功

　　一般來說，女性罹患骨質疏鬆的比例，遠高於男性。統計國內各家醫院的調查數據，檢視停經之後 15 年、約 65 歲的婦女的骨密程度，大概一半的人有骨量不足的現象，而 80 歲左右的婦女，則有 40％發生骨質疏鬆症。由此可見，多數的老年女性，正面臨骨質疏鬆的威脅。

　　女性骨質質量，本來就比男性少，再加上懷孕及哺乳期間，不只要供應母體既有需求，還得同時提供胎兒或寶寶，在營養攝取不足的前提下，常會造成大量骨質流失。偏偏骨質一旦流失，幾乎難以完全恢復，唯有及早預防、提早存骨本，才是避免或延緩「骨質疏鬆症」的不二法門。

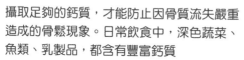

攝取足夠的鈣質，才能防止因骨質流失嚴重造成的骨鬆現象。日常飲食中，深色蔬菜、魚類、乳製品，都含有豐富鈣質

　　想要預防骨質疏鬆，有一個既簡單又能隨時執行的方式，那就是從飲食方面著手，尤其是要特別留意**鈣質**與**維生素 D** 的攝取是否足量。

　　補鈣是各個年齡層的人，都應該重視的事情。藉由均衡的日常飲食，盡量補足每日的鈣質建議量 註1。生活中，想取得高鈣食物並不算困難，像是乳製品（如牛奶、起司、優酪乳等）、深綠色蔬菜（如芥藍菜、九層塔、花椰菜等）、豆類製品（如豆干、豆腐等）、海藻類食物（如海帶、髮菜等），其他還有黑芝麻、吻仔魚、小魚乾等，都是料理方便且富含鈣質的食材，非常建議適量的食用。

　　此外，含有蛋白質的食物，像是牛肉、豬肉、魚、蛋、豆腐、海藻等食材，將有助於促進鈣質的吸收。不過，千萬不能過量食用，因為過多的蛋白質反而會使鈣質排出體外，影響補鈣的期望效果。

153

蛋白質攝取必須適量，才能幫助鈣質收，過量反而造成反效果。奶、蛋、肉類與豆腐，都是常見的富含蛋白質食物

1　國內針對 19 歲以上成年男女的鈣質攝取建議量（Dietary Reference Intake, DRI）為每日 1000 毫克為足夠量（Adequate Intake, AI），攝取上限為 2500 毫克／日

至於，維生素 D 的攝取註2，除了透過富含維生素 D 的食物，或相關的強化食品、補充劑外，一般仍然建議以「晒太陽」來做為獲得維生素 D 的主要來源。充分的日晒有助於維生素 D 的轉化與運用，在適度的陽光條件下，每天晒個 10 ～ 15 分鐘就相當足夠。曝晒時，要記得避開 10 ～ 14 時，以免影響皮膚健康，或出現中暑等現象。

不只應該把握以上的原則，對於可能危害骨骼健康的食物，亦要限制每日攝取量，如鈉含量較高（如加工食品、罐頭、泡麵等）或含有咖啡因（如咖啡、可樂等）的食物。更要盡可能避免抽菸、飲酒、過度減肥等不當生活習慣，防止造成骨質的流失或不易留存。

即使目前針對 50 歲以下的健康男性或女性，並無確切證據顯示「骨密度篩檢」對於骨質疏鬆具有預防性的效果，不過，仍然建議部分的高危險族群（參考右頁）註3，定期接受骨密度的相關檢查。

過量飲用含咖啡因食物（如咖啡、可樂等），可能會降低骨骼對鈣質的吸收能力

2 國內對成人維生素 D 攝取建議（Recommended Dietary Allowance, RDA）為 19 ～ 50 歲每日 200 IU（5 微克）、51 ～ 70 歲每日 400 IU（10 微克）。攝取上限則為 2000 IU（50 微克）／日

骨質疏鬆的高危險群

族群
2
65 歲以下具骨折危險因子的停經女性

族群
1
65 歲以上的女性或 70 歲以上的男性

族群
3
即將停經並具有臨床骨折高風險因子的婦女 註 4

族群
5
50 歲以上且具低衝擊性骨折者

族群
4
50 ～ 70 歲具有骨折危險因子的男性

族群
6
罹患可能導致低骨量或骨量流失之相關疾病者

族群
8
任何被認為需要以藥物治療骨質疏鬆症者

族群
7
所服用藥物和低骨量或骨量流失有相關者

族群
9
正在接受骨質疏鬆治療，用以監測治療效果者

---

3 參考 2002 年 USPSTF、2007 年 ISCD 指引、2008 年 NOF 及 2010 年 USPSTF 之建議

4 如體重過輕、先前曾經骨折、服用高骨折風險藥物

運動成習慣，馬上存骨本

　　不少人會秉持一個錯誤觀念，認為骨骼保養是上了年紀的人，才需要正視的議題。事實上，骨質疏鬆的預防不分老少，最好馬上就開始，因為骨質的建立與流失，是每天都在發生的事。正確的骨骼保健，與均衡飲食、適量運動脫不了關係，持之以恆地去實踐，並做好自我管理，才能期望延續健康，保有或提升生活品質。

　　運動可以刺激骨骼，促進骨質的正常製造，並減緩流失。由於媽咪在懷孕及哺乳的過程「一人吃、兩人用」，更需要建立運動的習慣。考量自身的喜好與體能，透過快走、慢跑、跑步、爬樓梯等「負重下的有氧運動」，在增進健康之虞，一併儲存雄厚的骨質本錢。

　　搭配彈力帶（繩）、沙包、啞鈴或身體重量的「重量及阻力訓練」也是不錯的選擇。要注意的是，骨骼為了對抗重力、支撐體重或承受肌肉收縮拉力而受到刺激時，會使骨質密度出現改變，因此在做重量或阻力訓練的當下，應要兼顧上肢與下肢的均衡性。以下提供幾招利用彈力帶（繩），坐著就能簡單執行的伸展運動。

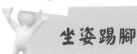

第1招

建議重複次數：10 次

坐姿踢腳

功效

■ 加強關節力量，減緩骨質流失速度
■ 強化肌力，以承擔支撐身體的任務

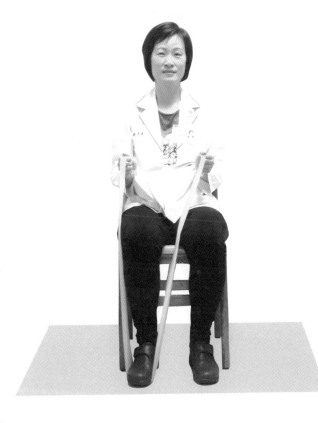

STEP **1**　準備姿勢

坐在椅子上，肩頸放鬆，腰背挺直。右腳踩住彈力帶，雙手
上臂夾緊、平均施力，拉緊彈力帶的兩端

STEP **2** **向前踢腳**
將右腳略抬高、向前踢出，直到膝蓋伸直，停留 5 秒後踩回
地面。接著換左腳輪做 Step 1、Step 2

第2招

建議重複次數：10 次

坐姿移步

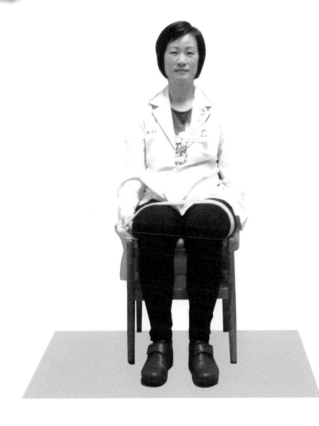

STEP 1/ 準備姿勢

坐在椅子上，肩頸放鬆，腰背挺直。將彈力帶繞綁於雙腳大
腿外側，並固定（用手壓住或綁活結）

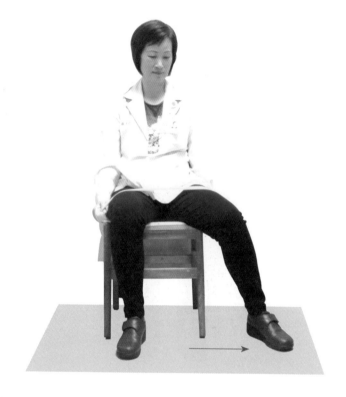

STEP 2 / **兩側移步**

維持右腳的穩定，左腳用大腿力量盡量向左移動，並停留 5

秒後收回。左右腳輪做 Step 2

第3招

建議重複次數：10 次

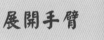

展開手臂

| 功效 | ■ 加強關節力量，減緩骨質流失速度 |
| | ■ 鍛鍊並強化雙手手臂的肌肉力量 |

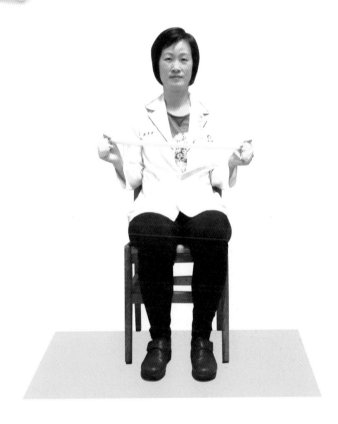

STEP **1** 準備姿勢

坐在椅子上，肩頸放鬆，腰背挺直。雙手上臂收在身體兩側
（出力向內夾），並將彈力帶拉緊

STEP 2 / **伸展手臂**
在雙手上臂維持穩定不動的情況下，下臂盡量朝身體兩側拉
開彈力帶，至能力極限後慢慢回到準備姿勢

好孕筆記

4-3
建立身心動能，
與老化抗衡

隨著醫療資源的進步與普及，人的壽命愈來愈長，根據內政部統計，民國 103 年國人平均壽命將近 80 歲（男性約 76 歲，女性約 83 歲）。因應高齡化社會來臨而興起的許多議題，都在探討著「如何讓老年生活更加愉悅與健康」。

　　其中，遠離慢性疾病、減少身體病痛與兼顧生活品質，更是每一位長者自身（或其家屬）的終極目標，畢竟，這是達成健康（Health）、愉快（Happy）、和諧（Harmony）的 3H 新生活首要條件。

緩老化 2 妙招：身體動能＆心靈動能

　　對多數媽咪而言，健康、愉快與和諧三者中，想要持續保有健康尤其困難。除了因為生理性的老化不可抗拒，若總是缺乏保養或沒有善待身體（如過勞、營養不均等），年邁時，大概只能看著健康漸漸遠去而無能為力。

　　到了年紀一大把，才驚覺該為健康而開始努力，效果其實很有限，唯有趁早準備，並在平時生活中，建立良好的「身體動能」與「心靈動能」，才能協助媽咪們在身心靈三層面，獲得改善、滿足與延續。

POINT 1　身體動能的建立

　　簡單來說，「身體動能」指的是透過運動，來舒活身體（包含肌力、骨骼、器官等），藉由建立良好的身體動能，讓自己釋放壓力，獲得延續與維持健康的目的，並進一步促進心理上的愉悅感與正向態度。

　　媽咪的忙碌可想而知，但若能利用上下班通勤、接送小孩、外出買飯買菜、三餐飯後等零碎片刻的時間，從事簡單運動、流點汗，就能協助身體動能的進步，長期下來，不只精神與體

力變好，甚至連睡眠品質也會跟著提升。持續執行以下幾種運動，幫助自己建立良好的「身體動能」吧！

- **維持肌力與肌耐力運動**（重量訓練、深蹲等）

  肌力指肌肉能產生的最大力量，肌耐力則指肌力續航力（能持續用力的時間）。這兩種運動可增加肌肉量、幫助減脂有助於體重與血糖控制、骨質疏鬆與慢性病的預防。此外，肌（耐）力增強能避免運動傷害。

深蹲有助於核心肌群的訓練，而且不用花用太多的時間與空間，是個非常方便的運動

167

⚠ NOTICE 深蹲 " 4 不 "
1. 重心放腳跟、腳尖不翹起
2. 膝蓋位置不超過大腳趾
3. 上半身不要過度向前傾
4. 下蹲角度不用大，以自然舒服為原則

■ **維持並促進心肺耐力運動**（爬山、游泳、快走、有氧舞蹈等）

低強度而長時間的運動模式，有助於增加呼吸與心跳速率、改善心肺循環功能，避免走個路、爬個樓梯就氣喘吁吁、上氣不接下氣。從事心肺耐力運動時，可依體力加快速度，增加運動時間，達到流汗、稍喘的效果。

■ **柔軟度運動**（肢體伸展）

透過伸展運動，不只可以強化身體的柔軟度，還能使肌肉放鬆、維持延展性、增加關節活動度，這些都有助於緩減痠痛的症狀，防止活動時扭傷或拉傷。強化身體的柔軟度並非一蹴可幾，運動時要慢慢來，動作確實，才能達到效果。

側彎是透過延展肌肉，來達到放鬆效果。隨著柔軟度變好，側彎的幅度也會跟著加大

■ **平衡感運動**（踮腳尖、單腳站立等）

鍛鍊平衡感的同時，也能維持體能、加強肢體的協調性、防止跌倒的危機。根據國健署統計，跌倒為老人事故死亡原因的第二位，就算保住性命，多半會併發疾病，如骨折。如果想在年紀漸長後能活動自如、保命防跌，強化平衡感是絕對必要。

單腳站立是最簡單方便的強化平衡感運動。若是平衡感比較差的人，可張開雙臂或扶著桌椅來進行訓練

169

POINT 2 心靈動能的提升

「心靈動能」就好比精神糧食，主要的目的是滿足心理的飢餓。一旦需求被滿足了，心情自然而然會變得愉悅。心靈動能的建立，可行性比身體動能容易，卻不見得人人做得到。試著從以下方向著手，讓自己的心靈動能更充實。

■ 培養興趣

不論動態或靜態，只要是喜歡、想做、有興趣的，都可以嘗試。嘗試任何事時，應該拋開壓力，別為了盡善盡美、想做到最好而造成反效果。

■ 與友相聚

偶爾與好友（或兄弟姐妹）相約，聊天、聚餐、喝下午茶、分享生活瑣事、抒發心情，甚至坐在一起看電視、發呆都好。話題或聚會不必具有目的性，重要的是有人相伴左右、互發牢騷，讓自己的情緒多些出口。

■ 精神寄託

當精神有了寄託後，一旦心靈出現空虛、無助、軟弱時，寄託的對象或事物，可以讓人找到穩定的倚靠，重拾前進的動力。舉凡信仰、閱讀書籍、社團活動等，都是很不錯的寄託管道。

促進身體動能的 6 個小訓練

把運動融入日常生活，呼朋引伴（伴可以是老公，也可以是親友）動一動。每週 2 ～ 3 天，每天 2 循環（6 個運動各做 10 次為 1 循環）。運動後，若痠痛維持 1 天以上，就要暫緩運動計畫，讓身體充分休息，必要時，可尋求復健科醫師或物理治療師協助。

第 1 招

建議重複次數：10 次

沿直線走

功效
- 藉此鍛練並強化自身的平衡能力
- 透過平衡運動促進身體的協調性

STEP 1

前腳腳跟與後腳腳尖相接，沿直線行走。約 10 步後，休息片刻再繼續

⚠ **NOTICE**

如果步伐較不穩，建議先扶牆練習

第2招

金雞獨立

功效

建議重複次數：10次

■ 藉此鍛練並強化自身的平衡能力
■ 促進身體協調性，訓練大腿肌肉

⚠ NOTICE 1
雙手扶重物只是輔
助，不可把重心置
於此

⚠ NOTICE 2
腳抬的高度以
膝蓋彎曲呈直
角為標準

STEP 1 / 準備姿勢
站姿。雙手輕扶固定、不
移動的桌椅或櫃子，協助
身體保持平衡、過程中不
跌倒

STEP 2 / 抬腿獨立
一腳伸直踩穩地板，做為
重心。另一腳盡可能抬
高，停留5秒後放回。再
換腳輪做

第3招

建議重複次數：10 次

強化大腿肌

功效

■ 加強雙腳大腿力量，提升肌耐力
■ 訓練下肢肌肉，促進身體協調性

STEP 1 / **準備姿勢**

坐姿，肩頸放鬆、不駝背。一腳踩穩地板，另腳踩住彈力帶，
並將大腿向上抬（大小腿約呈直角）。雙手拉緊彈力帶

⚠️ NOTICE
手臂要維持穩定，
不被彈力帶拉著走

STEP *2* 大腿前踢

抬高腳踩彈力帶緩緩地向前踢，至大腿伸直後，停留 5 秒，

回到原姿勢。接著，換腳輪做。期間上臂輕靠身體、與前臂

垂直

第4招

建議重複次數：10 次

強化髖部 A

功效
- 鍛鍊並活動髖部周圍的肌肉力量
- 強化髖部關節的穩定性與靈活度

STEP 1 準備姿勢

坐姿。雙腳踩地、與肩同寬。彈力帶繞大腿一圈，用雙手壓住或活節固定

175

STEP 2 單腳獨力
右腳固定不動，用左大腿力氣將彈力帶朝左側撐開，維持 5 秒後收回，再換腳輪做

STEP 3 雙腳合作
雙腳的大腿一起施力，分別向左右兩側撐開彈力帶，維持 5 秒後收回

第5招

強化髖部 B

建議重複次數：10 次

功效

■ 鍛鍊並活動髖部周圍的肌肉力量
■ 強化髖部關節的穩定性與靈活度

⚠ NOTICE
上半身盡量保持不
動、不前傾

STEP 1 準備姿勢

坐姿，雙腳踩地。將彈力
帶繞雙腳腿部一圈，並以
其中一腳踩住固定

STEP 2 輪流抬大腿

踩彈力帶的腳固定不動，
另一腳使力上抬，將彈力
帶撐開，維持 5 秒收回。
接著，換腳輪做

第6招

建議重複次數：10 次

活動肩胛骨

功效

■ 鍛鍊並活動肩胛周圍的肌肉力量
■ 強化肩胛關節的穩定性與靈活度

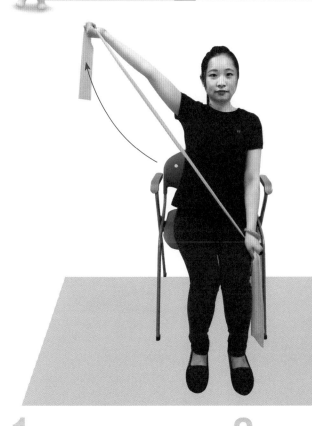

STEP **1** 準備姿勢
坐姿，肩頸放鬆、不駝背。雙手握住彈力帶，分別至於雙腿膝蓋的位置

STEP **2** 肩胛運動
左手不動。將右手慢慢地向右上方高舉，伸直後定點停留5秒再收回。接著，換邊輪做

特別加開

健康寶貝的養成先修班

1 我家寶貝發展慢了嗎？
嬰幼兒知覺動作發展里程碑

「一視、二聽、三抬頭，四握、五抓、六翻身，七坐、八爬、九發牙（長牙齒），十捏、周歲獨站穩。」……

聽著長一輩這樣說，萬一一對照家裡寶貝的發展，發現不如所言，新手爸媽很容易就會陷入愁雲慘霧之中：難道我家的寶貝，是所謂的遲緩兒嗎？

其實，不論是胎兒的發育，或寶寶（尤其在滿 1 歲前）知覺動作的發展，雖然因人而異，卻總會依照一定的順序與時間進行著。像是還在媽咪肚子裡的北鼻，從受孕到胎兒 3 個月為止，體內各系統的器官會漸漸地成形。接下來，一直到出生前則為胎兒期，這個階段不僅胎兒的內臟與四肢會迅速長大，同時是身體器官功能的發展時期，依附著媽咪的胎兒，開始會透過臍帶、胎盤，獲得必要養分，身長也會由 3 個月左右的 7 ～ 8 公分，長到約 45 ～ 50 公分。

主要照顧者要給予良性互動 ✏️

當媽咪「卸貨」、胎兒出生，寶寶體型體重等變化會明顯加速。臍帶剪斷那一刻，寶寶像是宣布獨立般，成為個體。他得學著控制自己的軀幹、四肢，並透過控制力的提升，對周遭環境，產生興趣、延伸探索的動機，進而與外在事物發生連結，逐漸發展出「知覺動作」的能力。

嬰幼兒知覺動作的能力發展，順利與否，多半關乎周圍環境提供的刺激與多樣性。當然，主要照顧者給予恰當引導和良性互動，具有極深的影響。例如：

動作 ①　會把雙手放到身體中線

寶寶 2 ～ 3 個月左右，會喜歡把手指放到嘴裡吸允（*如右圖*）。此時正是在學習「把雙手放到身體中線做活動」，這是為未來功能性的生活能力，跨出動作發展的第一步。若是照顧者因為不了解而刻意限制，很容易影響寶寶的後續發展。

動作❷ 主動用雙手握（扶）奶瓶

約3個月大開始，寶寶喝奶時，會主動握（扶）奶瓶（如右圖）。此時，主要照顧者應該要適時給予協助，引導寶寶學習去操控奶瓶的方向、位置或高度，使瓶中的牛（母）奶能更順利地被吸取。

以親餵為主的寶寶，可以利用親子面對面時（如哺餵時）增加互動。像是將寶寶雙手帶到他的視線前，引導他做拍手動作，或觸摸照顧者的五官、寶寶自己的臉等，同時要讓寶寶觀察到大人的表情變化，這有助於感官訓練。

日常生活中，也可以利用大人的臉，或有聲音的小玩具來吸引寶寶，讓他的頭頸部能左右移（轉）動。各種逗寶寶笑的臉部表情與聲音，亦是訓練寶寶注意力與模仿能力的管道之一。其實，只要多用點心，媽咪就能找到促進寶寶知覺動作發展的好時機。

動作 ❸ **用手觸碰眼前有趣的物件**

　　至於 3 ～ 6 個月大的寶寶，視覺發展來到一定的程度，當對視線前方的物件感到興趣時，甚至會嘗試以手去觸摸（*如右圖*）。這也代表寶寶已經進入初步的手眼協調概念。

　　來到這個階段，主要照顧者可以選擇在寶寶的床邊欄杆，懸吊有聲光（或鮮豔色彩、能發出聲音）的玩具，讓寶寶在趴著、坐著、躺著時，都有好玩、有趣的事物在身邊，引誘寶寶可以用手去觸碰這些物件，促進他的知覺能力發展。

粗大動作的發展里程碑 🖉

　　除了上述幾個知覺動作，媽咪們也可以對照年齡與姿勢發展，來判斷寶寶的發育程度是否符合預期。藉由粗大動作發展里程碑，隨時觀察孩子的成長狀況：

姿勢 ❶ 仰臥動作發展里程碑

0~1
個月

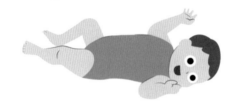

寶寶的四肢多半呈屈曲狀態，身體以不對稱的姿勢居多

1~3
個月

寶寶能抬高雙手、在胸前活動，且會伸手觸摸眼前 20 公分左右的物品。雙腳呈外展，會有懸空踢腳的動作

3~4
個月

寶寶開始會有手腳動作分離
（不同步）的能力，雙腳也會
用力踩床

4~5
個月

4~6
個月

腿部和腹部的肌肉發展愈
來愈有力，會開始出現高
舉雙腳和用手拉腳的動作

寶寶會有頭部自動向上向前抬
起的動作，這是頭部控制完全
發展之表現

姿勢 ② 俯趴動作發展里程碑

出生~1
個月

寶寶在趴姿下,身體會呈現屈
曲,屁股翹高高的狀態

1
個月

寶寶在趴姿下,屁股仍會
翹高,但下肢會有想伸直
的動作

1~3
個月

寶寶會企圖以手肘力量,支撐
身體。頭部會離地抬高約 45
度並維持

3
個月

寶寶會用前臂的力量，努力撐起上半身，頭部抬高至 90 度

3~6
個月

寶寶會伸直手肘，撐起上半身，胸部離地，頭部也會跟著抬高

6~9
個月

寶寶會以雙手與跪姿維持姿勢，並開始以小狗爬式移動

9~12
個月

寶寶會扶著站，且想慢慢放開輔助，或以小熊趴式站起來

姿勢 ③ 坐的動作發展里程碑

3~5
個月

在大人協助下，寶寶被擺在
盤坐姿勢，身體會屈曲前傾

5~6
個月

在大人協助下，寶寶被擺在
盤坐姿勢，身體可以自己挺
直

6~7
個月

不須協助的情形下，寶寶能坐起，並以雙手支撐，維持坐姿

7~9
個月

9~11
個月

189

不須協助的情形下，寶寶能坐起，且不需協助，放手而能維持坐姿

寶寶呈坐姿時，平衡良好，不需協助。可以放手獨坐，同時有辦法轉動身體、拿取玩具

姿勢 ④ 站的動作發展里程碑

3
個月

寶寶在獲得協助下，下肢
可承受部分體重

5~6
個月

寶寶在獲得協助下，下肢可順
利承受自己的體重

9~11
個月

寶寶先會扶著站，進而能
扶著東西側走移動

11~14
個月

寶寶能放手獨站著，進而能放
手行走

　　孩子的成長過程只有一次，了解各個階段應有的發展，是每一位爸媽都該做的功課。隨時關注寶寶的狀況，正視任何一個警訊，則是陪伴他們成長的關鍵第二課。**一旦懷疑寶寶可能有動作發展上的問題或障礙時，盡早諮詢醫療專業人員才是最佳做法。**除了到小兒科外，復健科醫師、物理治療師、職能治療師等，也能給予最佳的治療與建議。

　　前往醫院諮詢或進行後續療程，並不是替孩子貼上標籤，因為忌諱、擔心被嘲笑、覺得丟臉、怕麻煩，而刻意淡化或忽略孩子的異常，或以「大隻雞慢啼」的觀念來解釋自己心中的疑慮與不安，對孩子來說是很不公平的。唯有及早發現、及早介入治療，才不會讓孩子錯過成長的黃金期。

191

2 按摩的好處超乎想像！
嬰兒按摩的要領與基本功

在尚未能使用言語的階段，「觸覺」是寶寶與外界溝通、接收訊息的最佳媒介。藉由觸摸的方式，媽咪可以對寶寶表達情感、傳遞愛意，並使他的生命力更旺盛。

「嬰兒按摩」正是一種很好的觸摸方式。透過嬰兒按摩，不但能夠幫助爸比媽咪了解寶寶，取得他的信任，達到放鬆心情的效果，還能刺激寶寶的求生機制、情緒發展，與促進其他系統的運作。

一般而言，胎兒期（懷孕 3 個月後到出生）或嬰兒期（出生後到 2 歲）等階段的人生體驗，對於成長之後的性格養成與行為模式影響非常大。嬰兒按摩的好處在於，不僅把寶寶的人生起步，調整到最佳的狀態，也同時讓媽咪享有緩解生心理疲勞、加深對孩子的愛（有助於強化親子關係），與告別憂鬱、強化自信等額外效果。

嬰兒按摩的醫學效果與禁忌 🖉

其實，按摩算得上一種流傳久遠、無國界之分的療法，還曾經記載於中國、埃及、印度、日本等國家的醫學經典之中，某些地域至今仍然相當盛行。

按摩時的揉、捏、壓、按，對大人而言，是一種享受，對寶寶來說，除了舒服之外，也會有溫暖與安心的感覺，因此，有愈來愈多的人，極力推廣嬰兒按摩。嬰兒按摩的好處多多，亦具備醫學效果，例如：

效果 ❶ 減少寶寶夜間哭鬧、提高免疫力

嬰兒按摩能幫助寶寶一夜好眠，睡眠品質一旦提升了，寶寶睡得更好，夜間哭鬧的情況也會減少。此外，按摩對於嬰兒的免疫系統、消化功能等發展，與皮膚狀況的改善，都存在正面的影響效果。

效果 ❷ 有助腦部發展，提高寶寶靈活度

透過按摩，可以刺激自律神經系統或末梢神經系統，還能使寶寶的呼吸加深，以上二者皆有助於嬰兒的腦部成長。腦部靈活不僅能讓運動神經系統發達，還能促進協調性與敏捷性，寶寶之後爬行、站立等動作會更靈活。

效果❸ 培育愛與仁慈，有助人際關係

按摩讓腦幹或大腦邊緣系統的成長更順利，能培育寶寶愛與仁慈的態度，此態度有助於孩子長大後，與人建立信賴的關係，對於 EQ 能力的提升有正面幫助。

效果❹ 有助媽咪產後心情恢復，媽寶都幸福

幫嬰兒按摩時，促進媽咪體內的賀爾蒙分泌，有助產後的心情恢復，還能激發充實的感覺，促進親子關係的同時，也能賦予孩子安全感與被愛感。

不過，嬰兒畢竟脆弱而容易受傷，幫嬰兒按摩時，有很多需要注意的「眉角」，得更加專注、謹慎。遇到下列情形，最好先暫停按摩，以免造成反效果：

- **寶寶不配合。** 當寶寶出現不安，媽咪要馬上停止動作，給予安撫。等他安靜、準備好，再繼續

- **預防注射後。** 先觀察寶寶後續反應，若 48 小時內無異樣，再執行按摩，但要記得避開注射疫苗的部位

- **寶寶生病時。** 若排斥按摩，可改以擁抱，來延續肢體接觸。當皮膚感染或有出血性傷口，則不適合按摩

嬰兒按摩前，媽咪這樣做準備 🖊

　　媽咪想要執行嬰兒按摩，事前的準備工作不能少。妥善的前置工作，可以讓整個按摩過程更順利，獲得的好影響也會相對增加。跟著以下步驟，來做準備吧！

準備❶ 維持雙手最佳狀態

　　雙手是按摩的最大功臣。按摩之前，媽咪務必將雙手清洗乾淨，還要修整指甲、暫時摘除手指手腕上的飾品，以上不僅是要避免把細菌病毒傳給寶寶，還能防止寶寶受傷，讓按摩的過程更安全。此外，要放鬆並溫暖雙手。

準備❷ 確認寶寶的舒適度

　　讓寶寶躺在柔軟、乾淨的床單上，確認他的姿勢是舒適、放鬆的。按摩的過程中，媽咪可以搭配腹式呼吸法，專注精神於按揉上，並同時與寶寶進行對話或哼歌給他聽，當然，還要隨時留意寶寶的反應。

準備❸ 乾淨且通風的環境

　　進行嬰兒按摩的場所，周圍的環境要盡量保持清潔，維持在舒適的室內溫度（約 25 ～ 28°C），並留意空氣是否流通。另外，要避免噪音或強烈光線。播放輕音樂等，則能幫助媽咪與寶寶達到放鬆狀態。

準備④ 按摩油的挑選原則

使用按摩油，可以減少按摩動作對皮膚產生的摩擦。尤其嬰兒皮膚極其細緻，用油更要慎選。有機油類如**葡萄籽油、甜杏仁油、椰子油**等，可促進皮膚吸收，使嬰兒皮膚表面保持溼潤。且以上皆為食用油，較不需擔心寶寶誤食。不過，為了不讓按摩油跑進嬰兒眼或嘴，按摩臉部時最好不要用油。

以下的三種物品，則不建議做為幫嬰兒按摩時的輔助潤滑品：首先，很多媽咪愛用的「**嬰兒油**」，由於屬礦物油，皮膚無法吸收，會連帶影響皮膚表層呼吸。再者，經常用於大人按摩的「**芳香（療）精油**」，對嬰兒而言過於刺激。「**爽身粉**」則因為有滑石粉成分，皮膚不易吸收。

掌握要領，嬰兒按摩更順利 🖊

說到要替寶寶按摩，有些新手媽咪難免感到緊張：「寶寶這麼小，全身軟趴趴的，我真的可以幫他按摩嗎？」

答案是肯定的。但可不是想怎麼按，就怎麼按，有一些必須參考與遵循的提醒，能幫助整個嬰兒按摩過程更為安全、順利、愉快，還可以消除媽咪的擔憂喔。例如：

■ **大人姿勢要合乎寶寶年齡。**媽咪或其他照顧者在進行嬰兒按摩時，其姿勢應該配合寶寶的成長而逐漸改變（從雙腿張開坐到跪坐，再到高跪姿）

■ **按揉動作要放輕放柔放慢。**以輕柔、緩慢、有安全支撐的手部動作進行嬰兒按摩（年齡愈小，愈要輕柔緩慢，年齡稍大，則可讓節奏更明快，力道更堅定）

■ **最多 20 分鐘、左右要對稱。**整套嬰兒按摩不宜超過 20 分鐘，且按摩部位的時間、次數、速度、力道等，都要盡可能做到左右對稱

■ **隨時感受寶寶的心情與反應。**媽咪「與寶寶對話」可以感受他的心情，並記住隨時觀察反應。另外，還要隨寶寶的成長與性情，調整力道、速度與節奏

　　嬰兒按摩的技巧手法多樣，若媽咪（或其他照顧者）求好心切，想著通通學會，恐怕只會讓「幫寶寶按摩」這件事，變成極大的壓力，要是出現負面情緒就更不妙了。唯有維持輕鬆、享受的好心情，才能在親子肌膚接觸時，傳遞給寶寶正能量，讓按摩的好處漸漸發酵。

　　媽咪其實不需過度煩惱，遵循以下各部位的按摩技巧，人人都可以成為寶寶的專屬按摩師喔！

- **頭部這樣按：**用 3 ～ 4 指的指腹，以繞圈旋轉的方式按摩。先從額頭按到頭頂，再繼續按往枕部（約後腦杓位置）與頸部。完成後，回到額頭，重新開始

■ **臉部這樣按：**用 1 ～ 3 指的指腹，以按揉為主的方式按摩。先從額頭按到太陽穴，接著按眼睛的周圍，最後再從鼻子延伸到臉頰、嘴巴與下巴下顎

■ **胸部這樣按：**雙手手指與掌心併用，由寶寶身體中央開始，
先朝胸部外側，再帶往上側的方向進行按摩

■ **腹部這樣按：**先將手指放在寶寶肋骨下緣，用掌根輕輕朝
腹部外側推，再用指腹拉回（參考圖 1）。再由距肚臍上
方約 2～3 指幅位置開始，以順時鐘方向（勿逆向）輕輕
畫圓按摩，過程中要避開肚臍（參考圖 2）

■ **背部這樣按**：以手指與掌心併用，由頸部向下撫按至屁屁的位置（參考圖1）。接著，在整個背部進行鋸齒狀的按摩（兩手一前一後撫搓背部）（參考圖2）。最後，則手成杯狀輕拍寶寶的背部（參考圖3）

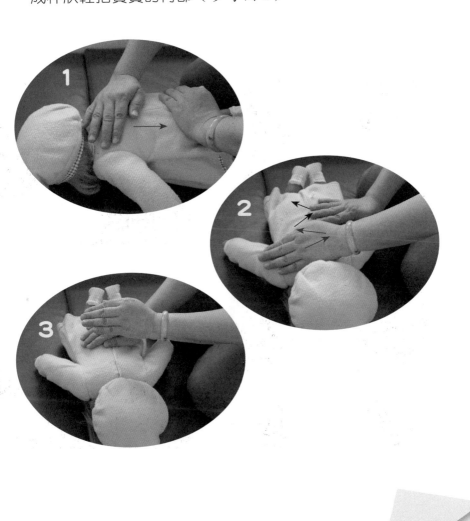

■ **手臂這樣按：**進行手臂按摩，要把握「由上而下」的原則。讓寶寶平躺仰臥後，由肩膀（手臂根部）開始，沿著大手臂、小手臂，往手腕方向拉滑。接著，再以相同的方向，依序撫按寶寶手臂外側與內側。過程中，媽咪要控制力道，避免造成寶寶肌肉或骨骼受傷

拉滑按摩

撫按按摩
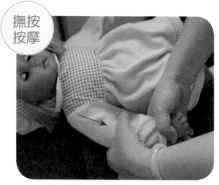

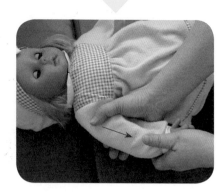

■ **手部這樣按**：手部按摩包括手腕、手掌（手心）與手背等部位。進行手腕按摩時，媽咪一手輕握寶寶的腕部，另一手的拇指讓寶寶握住，接著輕輕左右微幅旋轉（順逆時針方向皆要）。進行手背與手掌（手心）按摩時，都是用大拇指指腹，由腕部朝手指方向輕推

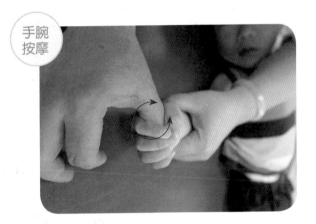
手腕按摩

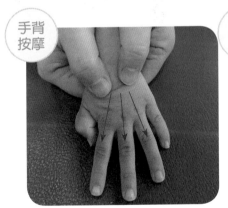
手背按摩

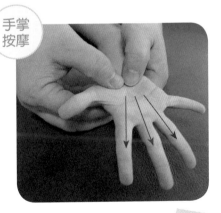
手掌按摩

■ **腿部這樣按：**用雙手扶住寶寶腿部，並以掌心相互搓揉的方式，從寶寶大腿根部開始，沿著膝蓋、小腿、腳踝的順序，進行腿部按摩

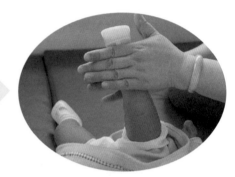

■ **足部這樣按：**足部按摩包含腳踝與腳趾。進行腳踝按摩時，媽咪一手輕握寶寶腳踝，一手則輕捏腳背與腳底，接著輕輕微幅旋轉（順逆時針方向皆要）。進行腳趾按摩時，要依循大腳趾、食趾、中趾、無名趾、小趾的順序，輕輕揉捏

腳踝
按摩

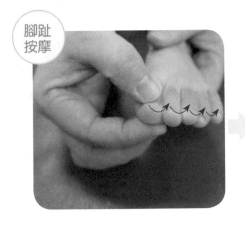

腳趾按摩

除了以上各部位基本按摩手法與注意事項外，以下亦針對小小孩常見的身體微恙，提供的特殊按摩法也值得媽咪學習。不過，這僅適用於情況輕微、降低寶寶不適感時使用，狀況嚴重的話，仍需尋求專業醫師協助。

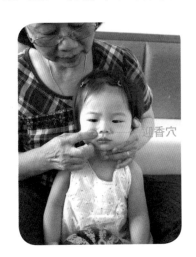

迎香穴

■ **鼻塞這樣按：**先讓小小孩坐穩在媽咪的懷前，並以一手輕扶他的下巴（讓頭部固定不動），另一手則以食指指腹，按摩位於鼻翼兩側的迎香穴

■ **腹痛這樣按：**先讓小小孩仰臥平躺於床上，再用食指、中指與無名指的指腹，直接在小小孩的皮膚上，以逆時針的方向（避開肚臍、勿反向），按揉腹部

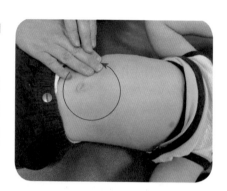

■ **咳嗽這樣按：**先讓小小孩仰臥平躺於床上或地板上，再用中指指腹按揉膻中穴（胸骨正中央與兩乳頭連線中點）與天突穴（胸骨切跡上緣，凹窩正中位置）

作　　者／彰化基督教醫院復健科物理治療師團隊
召 集 人／周賢彰、魏大森、林仲哲
選　　書／陳雯琪
企劃編輯／蔡意琪

行銷企劃／林明慧
行銷經理／王維君
業務經理／羅越華
總 編 輯／林小鈴

發 行 人／何飛鵬
出　　版／新手父母出版・城邦文化事業股份有限公司
　　　　　台北市中山區民生東路二段 141 號 8 樓
　　　　　電話：02-2500-7008　傳真：02-2502-7676
　　　　　E-mail：bwp.service@cite.com.tw
發　　行／英屬蓋曼群島商家庭傳媒股份有限公司城邦分公司
　　　　　台北市中山區民生東路二段 141 號 11 樓
　　　　　書虫客服服務專線：02-2500-7718；02-2500-7719
　　　　　24 小時傳真專線：02-2500-1990；02-2500-1991
　　　　　服務時間：週一至週五上午 09:30 ～ 12:00；下午 13:30 ～ 17:00
　　　　　讀者服務信箱：service@readingclub.com.tw
劃撥帳號／19863813　戶名：書虫股份有限公司
香港發行／城邦（香港）出版集團有限公司
　　　　　香港灣仔駱克道 193 號東超商業中心 1 樓
　　　　　電話：852-2508-6231　傳真：852-2578-9337
　　　　　電郵：hkcite@biznetvigator.com
馬新發行／城邦（馬新）出版集團 Cite(M) Sdn. Bhd.
　　　　　41, Jalan Radin Anum, Bandar Baru Sri Petaling,
　　　　　57000 Kuala Lumpur, Malaysia.
　　　　　電話：603-9057-8822　傳真：603-9057-6622

封面設計／劉麗雪
內頁設計／李喬葳
內頁繪圖／盧宏烈
照片提供／楊嘉豪、HUI、Hannah
製版印刷／科億印刷股份有限公司

城邦讀書花園
www.cite.com.tw
Printed in Taiwan

初　　版／2016 年 11 月 22 日 4 刷
修 訂 版／2018 年 10 月 04 日
定　　價／380 元
I S B N／978-986-5752-46-0
E A N／471-770-290-484-5

國家圖書館出版品預行編目 (CIP) 資料

10 分好孕操：解孕期疼痛 X 產後輕鬆瘦 / 彰化基督教醫院復
健科物理治療師團隊著 . -- 初版 . -- 臺北市：新手父母，城邦
文化出版：家庭傳媒城邦分公司發行 , 2016.11
　　面；　公分
ISBN 978-986-5752-46-0(平裝)

1. 懷孕 2. 產後照護 3. 婦女健康

429.12　　　　　　　　　　　　　　　　105021098